Seguridad de Proceso

Alexander Espinosa

Versión 4.1 – 2011

A mis hijos Camilo y Sofía

Indice

Figuras

Tablas

Prólogo

El estudiante de instrumentación industrial debe conseguir una comprensión de muchos aspectos de la ciencia y la técnica que se utilizan para la obtención de bienes de consumo a través de métodos industriales de proceso. En las industrias de proceso coexisten antiguas y nuevas tecnologías, por lo que el desafío es aún mayor para los jóvenes que intentan obtener el dominio necesario de la instrumentación industrial. En los últimos tiempos ha habido una transferencia de tecnología digital desde otras áreas como las de telecomunicaciones, procesamiento digital de señales y métodos de inteligencia artificial cada una de las cuales representan en sí mismo un desafío. Espero que la forma en que ha sido presentado ayude a motivar al estudiante y que la elección de los textos le sirva de guía en la ardua tarea del aprendizaje. Las versiones kindle están disponibles desde agosto de 2010 en la tienda Amazon. Se pueden adquirir los capítulos por separado o en tomos.

+Alexander Espinosa

Capítulo 1

Seguridad de Proceso

Este capítulo discute temas de instrumentación relacionados con la seguridad de los procesos industriales. La seguridad de instrumentación se puede dividir en dos categorías amplias:

- Cómo los instrumentos podrían representar un peligro de seguridad (atmósferas potencialmente explosivas por la ignición de señales eléctricas)

- Cómo los instrumentos y los sistemas de control se pueden configurar para detectar condiciones de proceso inseguras y para que apaguen automáticamente un proceso inseguro

En ambos casos, el propósito de este capítulo es ayudar a definir y enseñar cómo mitigar los peligros que se encuentran en procesos instrumentados. Se usa la palabra mitigar en lugar de eliminar, porque la eliminación de todos los riesgos es una imposibilidad. A pesar de nuestros mejores esfuerzos e intenciones, nadie puede eliminar completamente todos los peligros que están presentes en un proceso industrial. Lo que se puede hacer es disminuir en forma significativa esos riesgos al punto en que se reduzcan al nivel de los riesgos cotidianos que todos enfrentamos día a día, esto no es un logro pequeño.

1.1   Áreas clasificadas y mediciones

Cualquier lugar físico en una industria que posea el potencial
de una explosión debido a la presencia de materias de proceso
inflamables suspendidas en el aire se denomina *hazardous
location*: lugar peligroso o clasificado. En este contexto,
la palabra peligroso se refiere específicamente al riesgo de
explosión, no a otros riesgos de seguridad para la salud.

1.1.1   Taxonomía de las áreas clasificadas

En los Estados Unidos, el *National Electrical Code (NEC)*
publicado por *National Fire Protection Association (NFPA)*
define diferentes categorías de áreas industriales clasificadas
y prescribe prácticas de sistemas eléctricos seguros para estas
áreas. El artículo 500 de NEC categoriza las áreas clasificadas
en un sistema de Clases y de Divisiones. Los artículos 505
y 506 de NEC proporcionan una categorización alternativa
para las áreas clasificadas basadas en Zones, que está mucho
más alineada con los estándares europeos de seguridad.

La taxonomía de Clases y Divisiones define las áreas
clasificadas en términos de tipo de riesgo y de probabilidad
de riesgo. Cada Clase contiene (o puede contener) diferentes
tipos de sustancias potencialmente explosivas:

- Clase I: para gases o vapores

- Clase II: para polvos combustibles

- Clase III: fibras inflamables

Esta clasificación está basada en las dimensiones de
las partículas inflamables, donde la Clase I es la menor
(moléculas de vapor o gas) y la Clase III es la mayor (fibras de
materia sólida). Cada División ofrece un *ranking* de las áreas
clasificadas de acuerdo a la probabilidad de que estén presente
gases explosivos o polvos explosivos o fibras explosivas. La
División 1 está reservada para cuando las concentraciones
explosivas puedan existir o existan en condiciones normales

de operación. La División 2 se usa cuando las concentraciones explosivas se pueden encontrar en forma infrecuente o bajo condiciones anormales de operación.

El método de Zonas para la clasificación de áreas definido en el artículo 505 de *National Electrical Code* se aplica a la Clase I (aplicaciones de gas explosivo o vapor), pero las tres gradaciones de Zonas (0, 1 y 2) son análogas a las Divisiones en cuando a la jerarquía de probabilidades de concentraciones explosivas. La Zona 0 define áreas donde las concentraciones explosivas están presentes en forma continua o presentes en forma normal por largos períodos de tiempo. La Zona 1 define áreas donde esas concentraciones pueden estar presentes bajo condiciones normales de operación, pero no tan frecuentes como las de la Zona 0. La Zona 2 define área en las que las concentraciones explosivas son poco probables bajo condiciones de operación normales y cuando están presentes no lo están durante mucho tiempo. Esta taxonomía de zonas en tres carpetas puede verse como una expansión del sistema de División en dos carpetas, en las que las Zonas 0 y 1 sean sub-categorías de las áreas de División 1 y donde la Zona 2 sea casi equivalente a un área de División 2.

En el artículo 506 de *National Electrical Code* se define una taxonomía similar de tres zonas para las aplicaciones de Clase II Y Clase III, las gradaciones de zona para riesgos de polvo y fibra están numeradas como 20, 21 y 22 (y tienen un significado equivalente a las zonas 0, 1 y 2 de las aplicaciones de Clase I).

Hay divisiones taxonómicas menores, llamadas Grupos dentro de las carpetas Clase I y Clase II (no en la carpeta de Clase III). Cada grupo se define de acuerdo al tipo de sustancia y de acuerdo a criterios de ignición específicos. Los criterios de ignición se listan en el *National Electrical Code* en el artículo 500, e incluyen el *Maximun Experimental Safe Gap* (MESG): máxima separación de seguridad experimental y el *Minimum Ignition Current Ratio* (MICR): tasa de corriente de ignición mínima. El MESG está basado en un test que consiste en dos semiesferas huecas separadas por un pequeña distancia *gap* en la que se crea una atmósfera explosiva basada en una mezcla de aire y combustible y una fuente de ignición. Las pruebas se dirigen a determinar cuál es la separación mayor *maximum gap* que impida la propagación de un incendio al interior de las semiesferas (o hemisferios), que haya sido iniciado por la fuente de ignición. El MICR es el cociente que resulta de comparar la corriente eléctrica de ignición para una mezcla explosiva de aire y combustible y la corriente para la mezcla óptima de metano y aire. Mientras menor sea el valor de MICR más peligrosa es la sustancia explosiva.

Las sustancias de Clases I se agrupan de acuerdo a sus valores MESG y MICR, con los gases típicos de cada grupo (Tab. 1.1).

Las sustancias de Clase II se agrupan de acuerdo al tipo de material (Tab. 1.2).

Aunque provoque más confusión, el sistema de Clases y Zonas descrito en el artículo 505 NEC usa un orden completamente diferente para describir los grupos de gases y de vapores (no hay todavía grupos para polvos y tipos de fibras para los sistemas de zonas descritos en el artículo 506 de NEC) (Tab. 1.3).

1.1.2 Límites Explosivos

Para tener una combustión (una explosión es un tipo de combustión particularmente agresiva) se deben cumplir tres requerimientos:

- Suficiente combustible

- Suficiente oxidante

- Suficiente energía para la ignición

Estos tres requerimientos son conocidos como el triángulo de fuego (Fig. 1.1).

Elimine uno (o más) elementos mencionados en este triángulo, que estén presentes en lugar y se podrá evitar con éxito la posibilidad de incendio o explosión.

Tabla 1.1: Sustancias de clase I

Grupo	Sustancia Típica	Safe gap	Corriente de Ignición
A	Acetileno		
B	Hidrógeno	MESG $\leq$ 0.45 mm	MICR $\leq$ 0.40
C	Etileno	0.45 mm < MESG MESG $\leq$ 0.75 mm	0.40 < MICR $\leq$ 0.80
D	Propano	0.75 mm < MESG	0.80 < MICR

Tabla 1.2: Sustancias de Clase II

Grupo	Sustancias
E	Polvos metálicos
F	Polvos basados en Carbón
G	Otros polvos
G	(madera, grano, flores, plásticos, etc.)

Tabla 1.3: Sistema de Clases y Zonas según artículo 505 NEC

Grupo	Sustancia(s) típica(s)	Safe gap	Corriente de Ignición
IIC	Acetylene	MESG $\leq$ 0.50 mm	MICR $\leq$ 0.45
IIC	Hydrogen	MESG $\leq$ 0.50 mm	MICR $\leq$ 0.45
IIB	Ethylene	0.50 mm < MESG $\leq$ 0.90 mm	0.45 < MICR
IIA	Acetone	0.90 mm < MESG	MICR $\leq$ 0.80
IIA	Propane	0.90 mm < MESG	0.80 < MICR
			0.80 < MICR

Figura 1.1: Triángulo de fuego

El triángulo de fuego es útil para tener una guía cualitativa para evitar incendios y explosiones, pero no ofrece suficiente información para una evaluación cuantitativa que califique la existencia de las condiciones necesarias para que exista o se alimente una explosión o un incendio. Para esto, se necesitan más datos cuantitativos sobre el combustible, el oxidante y la fuente de ignición. Para que un incendio o una explosión ocurran, se necesita una mezcla adecuada de combustible y oxidante en las proporciones adecuadas y una fuente de energía de ignición que exceda un cierto umbral mínimo.

Suponga que se tiene una cámara de laboratorio de prueba lleno con una mezcla de vapor de Acetona (70% por volumen) y de aire a temperatura ambiente, con una bujía que proporcione la ignición en forma conveniente. Sin importar lo energética que sea la chispa, esta mezcla nunca explotaría, porque es una mezcla muy rica en Acetona (hay mucha Acetona y poco aire). Cada vez que la bujía se descargue causará que algunas moléculas de Acetona se combustionen con las moléculas de oxígeno que haya disponibles. Sin embargo, el aire está tan diluido en esta mezcla rica en Acetona que las escasas moléculas de oxígeno se consumirán muy rápidamente. De esta forma, la temperatura bajará tan rápidamente que la llama se apagará y no será capaz de hacer combustionar las restantes moléculas de oxígeno junto con las moléculas de Acetona.

El mismo problema ocurrirá si la mezcla de Acetona y aire es muy pobre (mucho aire y poca Acetona). Esto es lo que pasaría si se diluye vapor de Acetona en un concentración volumétrica del 0.5% al interior de la cámara de prueba: cualquier chispa de bujía hará que algunas moléculas de Acetona se combustionen, pero serían insuficientes para alimentar la combustión expansiva al resto de la cámara.

Se podría tener una mezcla de Acetona y aire, ideal para la combustión (alrededor de 9.5% de Acetona por volumen) y aún no se tendría una explosión si la energía de la chispa fuese insuficiente. Casi todas las reacciones de combustión requieren un cierto nivel de energía de activación para que se pueda superar la barrera potencial antes de que ocurra la unión molecular entre los átomos de combustible y los del oxidante. Dicho de otra forma, muchas reacciones de combustión no son espontáneas a presión y temperatura ambiente, necesitan un poco de ayuda para que se inicien.

Todas las condiciones necesarias para una explosión pueden ser cuantificadas y ploteadas como una curva de ignición para cualquier combinación de combustible y oxidante. El próximo gráfico muestra la curva de ignición para una mezcla hipotética de gas mezclado con aire (Fig. 1.2).

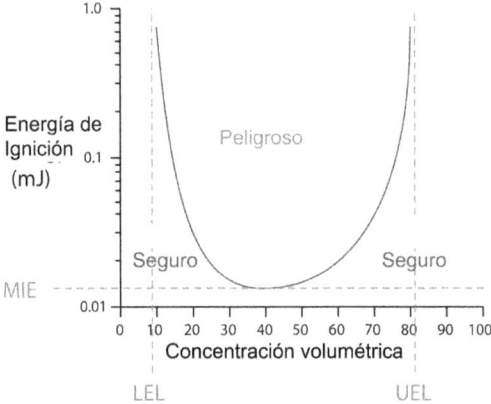

Figura 1.2: Curva de Ignición para un gas mezclado con aire

Note cómo cualquier punto que esté encima de la curva es etiquetado como peligroso, mientras que cualquier punto bajo la curva se considera seguro. Los tres valores críticos en este gráfico es el *Lower Explosive Limit* (LEL), el *Upper Explosive Limit* (UEL) y el *Minimum Ignition Energy* (MIE). Estos valores críticos difieren para cada tipo de combinación de combustible y de oxidante, cambian con la temperatura y presión ambiental y pueden ser irrelevantes en presencia de catalizadores (una sustancia química que se consume durante la reacción). Casi todas la curvas de ignición son publicadas bajo la suposición de que el aire es el oxidante a temperatura ambiente y presión atmosférica.

Mientras mayor sea la diferencia entre los valores de LEL y UEL, mayor será el potencial explosivo que tendrá un gas o vapor combustible (en igualdad de condiciones), porque significa que el combustible puede explotar ante una diversidad mayor de condiciones de mezcla. Es bueno investigar los valores posibles de LEL y UEL para muchas sustancias comunes, sólo para ver que tan explosivas son en comparación entre ellas (Tab. 1.4).

Note como el acetileno tiene un valor de UEL de 100%. Esto significa que es posible que el gas acetileno explote aún cuando no haya oxidante. Algunas sustancias químicas tienen la misma propiedad (Ejemplo: Óxido de Etileno y Nitrato de n-propyl), donde la ausencia de un oxidante no evita la explosión. Otras sustancias tienen valores de UEL muy cercanas al 100%, ejemplo *hidracina* al 98%. En algunas sustancias se observa una excepción importante de la regla del triángulo. Cuando estas sustancia se encuentran en una alta concentración, la única forma de evitar la explosión es evitar la presencia de una fuente de ignición.

1.1.3   Medidas de protección

Hay diferentes estrategias para prevenir que los dispositivos eléctricos originen explosiones en las áreas clasificadas. Estas estrategias pueden ser divididas en cuatro formas:

Tabla 1.4: Valores LEL y UEL para de algunas sustancias comunes

Sustancia	LEL (%)	UEL (%)
Acetileno	2.5%	100%
Acetona	2.5%	12.8%
Butano	1.5%	8.5%
Disulfuro de Carbono	1.3%	50%
Monóxido de Carbono	12.5%	74%
Éter	1.9%	36%
Gasolina	1.4%	7.6%
Querosén	0.7%	5%
Hidracina	2.9%	98%
Hidrógeno	4.0%	75%
Metano	4.4%	17%
Propano	2.1%	9.5%

- **Contener la explosión:** encierre el dispositivo dentro de una caja muy fuerte que pueda contener la explosión que pueda originar el dispositivo de tal forma que no se gatille una explosión mayor fuera de la caja. Esta estrategia se puede ver como la supresión del componente de ignición del triángulo de incendio, desde la perspectiva de la atmósfera exterior a la caja a prueba de explosión (asegurando que la explosión dentro de la caja no gatille una explosión mayor afuera).

- **Apantallar el dispositivo:** encierre el dispositivo eléctrico dentro de una caja adecuada en la que se pueda extraer los gases inyectando aire limpio (o gas puro) para evitar que se forme una mezcla explosiva al interior de la caja. Esta estrategia elimina el componente de combustible en el triángulo de incendio (purgado con aire) o el elemento oxidante (si se purga con gas combustible) o eliminando ambos (si se purga con gas inerte).

- **Diseño encapsulado**: fabrique el dispositivo de tal forma que sea auto-aislante. En otras palabras, construya el dispositivo de tal forma que cualquier elemento que produzca chispas esté sellado con aire presurizado dentro del dispositivo y aislado de cualquier atmósfera explosiva. Esta estrategia funciona eliminando el componente ignición del triángulo de incendio (desde la perspectiva exterior al dispositivo) o por la eliminación de los componentes de combustible y oxidante (desde la perspectiva interna al dispositivo).

- **Limitar la energía total del circuito**: Diseñe el circuito de tal forma que no haya suficiente energía para gatillar una explosión, aún en el evento de una falla eléctrica. Esta estrategia funciona eliminando el componente ignición del triángulo de incendio.

Un ejemplo común de la primera estrategia es usar una caja de metal extremadamente robusta, a prueba de explosión (NEMA 7) en lugar de usar cajas de hojas de metal o de fibra de vidrio para contener el equipamiento eléctrico. Se muestran dos fotos de una caja eléctrica a prueba de explosión que revelan su construcción inusualmente robusta (Fig. 1.3).

Figura 1.3: Caja NEMA 7

Note la gran cantidad de tuercas que aseguran estas cajas. Esto es necesario para contener las enormes fuerzas que genera la presión que origina una explosión al interior de la caja. También note que la mayor parte de las tuercas se han quitado de la puerta de la caja de la derecha. Esto es inseguro y es una mala práctica en la industria donde los técnicos terminan por dejar solamente algunas tuercas porque les toma mucho tiempo apretar y aflojar todas las tuercas necesarias durante las operaciones de mantenimiento.

Las cajas a prueba de explosión están diseñadas de tal forma que los gases a alta presión que resultan de una explosión al interior de una caja pasen a través de espacios pequeños (huecos en dispositivos de ventilación y/o el espacio formado por un puerta sobresaliente de la caja) en el camino de salida de la caja. A medida que los gases calientes pasen a través de estas aperturas pequeñas de metal, son forzados a enfriarse hasta el punto en que no puedan iniciar explosiones en los gases fuera de la caja. Así es como la explosión inicial al interior de una caja no puede gatillar una explosión más violenta.

Una estrategia similar involucra el uso de un gas no inflamable *purge gas* que presuriza una caja eléctrica ordinaria de tal forma que la atmósfera explosiva no penetre a la caja. El aire comprimido ordinario puede ser usado como gas de purga, siempre que se asegure que el compresor de aire que se use no esté en un área no clasificada ya que los gases explosivos podrían entrar al sistema de aire comprimido.

Los dispositivos pueden ser encapsulados de tal forma que las atmósferas explosivas no puedan penetrar el dispositivo y llegar a generar suficiente chispa o calor. Los dispositivos herméticamente cerrados son un ejemplo de esta estrategia protectora donde la estructura del dispositivo es impenetrable a fluidos porque se la han fundido las juntas de la caja. Los switches de Mercurio son ejemplos de este tipo de dispositivos eléctricos, donde una pequeña cantidad de Mercurio líquido se sella herméticamente al interior de un tubo de vidrio. Ningún gas, vapor, polvo o fibra externa puede se alcanzada por la chispa que se genera cuando el Mercurio entre en contacto (o abra el contacto) con los electrodos (Fig. 1.4).

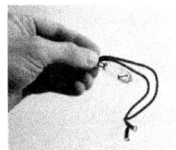 

Figura 1.4: Ejemplo de dispositivo herméticamente cerrado: Switch de Mercurio

El último método para asegurar la seguridad del circuito de un instrumento en un área clasificada, es limitar intencionalmente la cantidad de energía disponible dentro de un circuito de tal forma que no pueda generar suficiente chispa para incendiar una atmósfera explosiva, aún en el caso de una falla eléctrica dentro del circuito. El artículo 504 de *National Electrical Code* especifica normas para este método. Cualquier sistema que cumpla estos requerimientos se denomina intrínsecamente seguro o *I.S.* La palabra intrínseca implica que la seguridad es una propiedad natural del circuito, puesto que carece de la capacidad para producir una chispa gatilladora de explosión.

Una forma de destacar el significado de intrínseco es contrastarlo con un concepto diferente que a veces es visto como similar. El artículo 400 de *National Electrical Code* define un equipo *nonincendive* como un equipo incapaz de incendiar una atmósfera potencialmente explosiva bajo condiciones normales de operación. Si embargo, el estándar para los dispositivos o circuitos *nonincendive* no garantiza qué pasará bajo condiciones anormales, como cuando hay un cortocircuito o un circuito abierto. Por lo que un circuito *nonincendive* puede representar un riesgo de incendio en circunstancias en que un circuito intrínsecamente seguro simplemente no tendrá la energía suficiente para gatillar una explosión bajo cualquier condición. Como resultado,

los dispositivos *noincendives* no está aprobados como Clase
I o como Clase II División 1, mientras que los circuitos
intrínsecamente seguros están aprobados para todas las
ubicaciones potencialmente explosivas.

Los instrumentos de 4 a 20mA más modernos pueden
ser usados como parte de circuitos intrínsecamente seguros
mientras que estén conectados a equipamiento de control
a través de interfaces de barreras de seguridad adecuadas.
Un simple circuito de barrera de seguridad intrínseca está
hecho de componentes pasivos como se muestra en el siguiente
diagrama (Fig. 1.5).

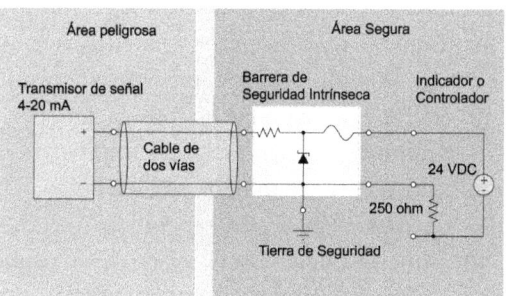

Figura 1.5: Circuito de barrera de seguridad intrínseca

Durante la operación normal, el instrumento de campo de
4-20 mA tiene un voltaje en los terminales y una corriente de
lazo incapaz de representar una amenaza de ignición en una
atmósfera potencialmente explosiva. La resistencia en serie
es lo suficientemente pequeña como para que la señal de 4-20
mA sea afectada. Desde el punto de vista del instrumento
receptor (indicador o controlador) la barrera de seguridad
podría no existir.

Si ocurriera un cortocircuito en el instrumento de campo,
el resistor en serie en el circuito barrera limitaría la corriente
de cortocircuito a un valor suficiente para que no sea una
amenaza para el área potencialmente explosiva. Si algo
fallara en el instrumento receptor que hiciese que el voltaje en

los terminales de alimentación subiese mucho, el diodo zener al interior de la barrera entraría en ruptura y proporcionaría una camino paralelo para que la corriente puentee el instrumento de campo (y posiblemente que queme un fusible en la barrera). Así, un circuito de barrera intrínsecamente seguro proporciona protección contra fallas de sobrecorriente y de sobrevoltaje, de tal forma que ninguno de los dos tipos de fallo entreguen suficiente energía al dispositivo de campo para que se pueda detonar una atmósfera explosiva.

Note que el dispositivo barrera como este debe estar presente en un circuito analógico de 4-20 mA para que sea intrínsecamente seguro. La graduación de intrínsecamente seguro del circuito depende de esta barrera, no de la integridad del dispositivo de campo o del dispositivo receptor. Sin la presencia de la barrera, el circuito del instrumento no sería intrínsecamente seguro, aún si las condiciones de operación normal del dispositivo de campo y del dispositivo receptor estuviesen dentro de los parámetros de seguridad para las áreas clasificadas. Es solamente la barrera la que garantiza que los niveles de voltaje y de corriente estén dentro de los límites seguros en el evento de condiciones anormales de circuitos como cortocircuito en el cableado de campo o de una falla en la fuente de alimentación del *loop*: lazo.

Se pueden tener barras más sofisticadas (activas) que proporcionan aislamiento eléctrico de la tierra en el cableado del instrumento, eliminando así la necesidad de tierra de seguridad que conecte al dispositivo barrera (Fig. 1.6).

En el ejemplo mostrado, se utilizan transformadores para aislar eléctricamente la señal de corriente analógica de tal forma que no haya ningún camino para que la corriente de falla DC circule entre el instrumento de campo y el instrumento receptor, con tierra o sin tierra.

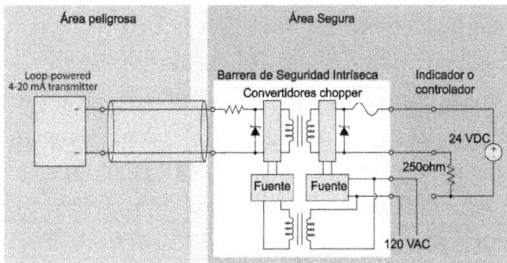

Figura 1.6: Barrera activa de seguridad intrínseca

1.2 Conceptos de probabilidad y fiabilidad

Mientras que el término probabilidad puede evocar imágenes de imprecisión, probabilidad es de hecho una ciencia exacta. La fiabilidad, que es la expresión de que tan probable es que algo no falle cuando sea necesario, está basada en la probabilidad. Entonces, se requiere un conocimiento rudimentario de la probabilidad matemática para saber lo que significa fiabilidad en un sentido cuantitativo y cómo la fiabilidad de un sistema puede ser mejorada a través de la aplicación apropiada de los principios de probabilidad.

1.2.1 Probabilidad matemática

La probabilidad puede ser definida como la fracción de algunos resultados específicos con respecto al total (posible) de los resultados. Si UD lanza una moneda, hay realmente solo dos posibilidades de cómo la moneda aterrice: cara o sello. La probabilidad de que una moneda aterrice sello es la mitad (1/2), puesto que sello es un resultado posible de un total de dos posibles. Para calcular la probabilidad (P) se calcula la fracción de los resultados:

$$P(\text{sello}) = \text{sello}/\text{cara} + \text{sello} = 1/2 = 0.5$$

La probabilidad de que la moneda aterrice cara arriba es exactamente la misma, porque CARA es también un resultado específico de un total de dos posibles.

Si se lanzara un dado de seis caras, la probabilidad de que el dado aterrice mostrando una de sus caras (digamos la cara cuatro) es una de seis, porque se estaría buscando un resultado específico de un total de seis posibles (Fig. 1.7).

$$P(\text{cuatro}) = \frac{\text{cuatro}}{\text{uno+dos+tres+cuatro +cinco+seis}} = \frac{1}{6}$$

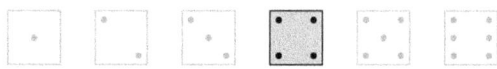

Figura 1.7: Probabilidad de obtención de una cara 4 durante el lanzamiento de un dado

Si se lanzara el mismo dado de seis caras, la probabilidad de que el dado aterrice mostrando un lado par (es un lado numerado 2, 4 o 6) es tres de seis, porque hay tres resultados específicos que cumplen la regla de ser un lado par, de un total de seis posibles (Fig. 1.8).

$$P(\text{par}) = \frac{\text{dos+cuatro+seis}}{\text{uno+dos+tres+cuatro+cinco+seis}} = \frac{3}{6}$$

Como es una fracción de resultados específicos con respecto al total de resultados posibles, la probabilidad de cualquier evento será un número cualquiera entre 0 y 1, incluyendo ambos. Este valor puede ser expresado como una fracción (1/2), como un decimal (0.5) o como un enunciado verbal (Ej. tres de seis). Un valor de probabilidad cero (0) significa que un evento específico es imposible, mientras que

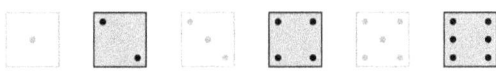

Figura 1.8: Probabilidad de obtención de una cara par durante el lanzamiento de un dado

una probabilidad de uno (1) indica que un evento específico debe ocurrir necesariamente.

Los valores de probabilidad solo son útiles cuando se aplican a muchas muestras. Una moneda lanzada diez veces puede muy bien no caer exactamente mostrando cara durante cinco veces y mostrando sello las otras cinco veces. En este sentido, también es posible que la moneda no caiga mostrando cara exactamente 500,000 veces en un millón. Si embargo, mientras que la moneda y el método de lanzamiento sean legales (que no haya trampas), los resultados experimentales se aproximarán a los resultados ideales en la medida en que al número de lanzamientos se aproxime al infinito. Los valores ideales de probabilidad son menos certeros a medida en que el número de prueba decrezca y se hace inútil en el caso de los eventos singulares (no repetibles).

Una aplicación familiar de la probabilidad es la predicción de eventos meteorológicos como la lluvia. Cuando se pronostica lluvia con un 65% para un día en particular, significa que anteriormente hubo muchos días con condiciones similares (nubes, presión barométricas, temperatura y otros) y solamente el 65% de esos días hubo lluvia. La historia pasada nos da una idea de que tan probable es que haya lluvia en cualquier situación presente, basado en la similaridad de las condiciones medidas.

Como ocurre con todos los valores de probabilidad, las predicciones de lluvia son más significativas cuando haya más muestras. Un valor de probabilidad del 65% es muy preciso si nos preocupara conocer en cuántos días en los que se observen condiciones similares a días lluviosos pasados, lloverá en los próximos diez años (son 3650 días). Sin embargo, si se deseara saber si va a llover o no en un día en particular que tenga condiciones similares, el valor de 65% nos diría muy poco: preciso para muchas muestras, ambigua para pocas muestras, y casi si sentido para condiciones singulares.

En el campo de la instrumentación (y más específicamente en el campo de los sistema de instrumentación seguros) la probabilidad es útil para la mitigación de los riesgos debido a fallas de equipos donde sea conocida la probabilidad de fallo de una pieza específica de un equipo. El valor de la probabilidad de fallo se ha obtenido a partir del conocimiento de la producción en masa del instrumento y de años de datos adquiridos que describen la probabilidad del instrumento. Si se dispone de datos que muestren la probabilidad de fallo de diferentes piezas de equipamiento, se pueden usar estos datos para calcular la probabilidad de fallo para el sistema como un todo. Además, se pueden aplicar ciertas leyes de probabilidad para calcular la fiabilidad del sistema para diferentes configuraciones de equipamiento y por lo tanto minimizar la probabilidad de falla del sistema al optimizar estas configuraciones.

Al igual que las predicciones del estado del tiempo, las predicciones de la fiabilidad del sistema (o inversamente, de la falla del sistema) será más precisa en la medida en que el tamaño de la muestra aumente. Una organización puede predecir con precisión la cantidad de fallas del sistema y el costo de esos fallos (o alternativamente, el costo de minimizar esos fallos, haciendo mantenimiento preventivo) siempre que tenga:

- un modelo probabilístico preciso de la fiabilidad del sistema,

- un sistema (o un conjunto de sistemas) con suficientes componentes individuales y

- suficiente tiempo.

Sin embargo, ningún modelo probabilístico puede predecir

con precisión cual componente de un sistema extenso fallará mañana, ni en los mil días que sigan.

El objetivo final de los cálculos de probabilidad para los sistemas de automatización y proceso, es optimizar la seguridad y la disponibilidad de sistemas grandes durante años de servicio. Los cálculos de fiabilidad, aunque pueden resultar útiles para un técnico porque le permite entender la naturaleza de las fallas de sistema y cómo minimizarlas, es realmente más valiosa (más significativa) a nivel de empresa. Se desea que las funciones regulatorias de los *loops* lazos de control sean ajustadas como parte de una optimización de la empresa como un todo

no solamente desde el punto de vista del *loop* individual. No estará lejano el día en que los sistemas de control puedan calcular su propia fiabilidad basado en los datos de prueba del fabricante (Ej. tasa *Mean Time Between Failures* y parecidos), en los registros de mantenimiento y en la historia del proceso, ofreciendo predicciones de una falla inminente en la misma forma en que los servicios meteorológicos ofrecen predicciones de precipitaciones futuras.

1.2.2   Leyes de probabilidad

La probabilidad matemática tiene un parecido importante con el álgebra booleana, en que los valores de probabilidad (al igual que los valores booleanos) tienen un rango entre cero (0) y uno (1). La diferencia reside en que mientras las variables booleanas pueden tener solamente valores iguales a cero o a uno, las variables de probabilidad varían continuamente dentro de esos límites. Dada esta similaridad, se pueden usar operaciones booleanas normales como NOT, AND y OR a las probabilidades. Estas operaciones Booleanas nos permitirán entender las leyes de probabilidad de combinación de eventos.

La función lógica NOT

Por ejemplo, si se sabe que la probabilidad de obtener un cuatro en un dado de seis caras es 1/6, entonces se puede decir con seguridad que la probabilidad de que no se obtenga un cuatro es 5/6: el complemento de 1/6. El símbolo del inversor lógico representa la función de complemento, la cual convierte la probabilidad de obtener un 4 en la probabilidad de NO obtener un 4 (Fig. 1.9).

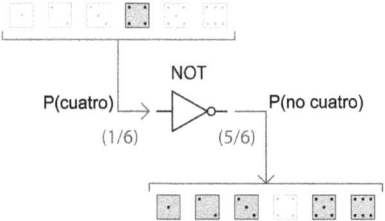

Figura 1.9: Probabilidad de obtención de un lado que no sea el lado 4 durante el lanzamiento de un dado

Simbólicamente, se puede expresar esto como una suma de probabilidades igual a uno:

$$P(\text{uno}) + P(\text{dos}) + P(\text{tres}) + P(\text{cuatro}) + P(\text{cinco}) + P(\text{seis}) = 1$$

$$P(\text{total}) = 1/6 + 1/6 + 1/6 + 1/6 + 1/6 + 1/6 = 1$$

$$P(\text{total}) = P(\text{cuatro}) + P(\text{not cuatro}) = 1/6 + 5/6 = 1$$

$$P(\text{cuatro}) = 1 - P(\text{not cuatro}) = 1 - 5/6 = 1/6$$

Esto se puede expresar como una Ley General de Complementación para cualquier evento (A):

$$P(A) = 1 - P(\overline{A})$$

El complemento de un valor de probabilidad es de uso frecuente en Ingeniería de fiabilidad. Si se conociese el valor de probabilidad para el fallo de un componente (qué tan probable es que falle), entonces se sabría el valor de fiabilidad (qué tan probables es que funcione bien) que es el complemento de la probabilidad de fallo. Para ilustrar esto, considere un dispositivo con una probabilidad de fallo de 1/100.000. Este tipo de dispositivo tienen una valor de fiabilidad (R) de 99.999/100.000, o 99,999%, puesto que $1 - 1/100.000 = 99.999/100.000$.

La función lógica AND

La función `AND` considera las probabilidades de dos o más eventos intersectantes (donde el resultado de interés solamente ocurre si dos o más eventos ocurren simultáneamente o en una secuencia específica). Otro ejemplo: obtener el lado cuatro en el primer lanzamiento de un dado y el lado uno en el segundo lanzamiento. Es intuitivamente obvio que la probabilidad de obtener esta combinación específica de valores será menor (menos probable) que obtener cualquiera de estos valores en un solo lanzamiento, puesto que dos lanzamientos nos da el doble de oportunidades para obtener el número deseado. El área sombreada de posibilidades (36 en total) demuestra la *improbabilidad* de esta combinación secuencial de valores cuando se compara con la probabilidad de obtener uno de ambos valores en uno de dos lanzamientos (Fig. 1.10).

Como se puede ver, hay solamente un sólo resultado que coincide con los criterios específicos de un total de 36 posibles. Esto lleva a un valor de probabilidad de uno en treintiséis (1/36) para esta combinación específica, lo que es el producto

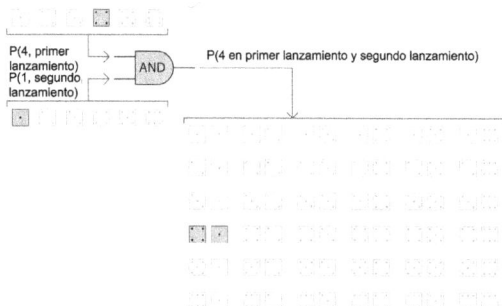

Figura 1.10: Ilustración de la combinación AND de probabilidades

de las probabilidades individuales. Esto es La Segunda Ley de Probabilidad:

$$P(A \ and \ B) = P(A) \times P(B)$$

Una aplicación práctica de esto, podría ser el cálculo de la probabilidad de fallo de un conjunto de dos válvulas de bloque, diseñadas para detener el caudal de un fluido de proceso peligroso. Las válvulas de bloqueo dobles se usan para aumentar la seguridad de bloqueo o *SHUT-OFF*, puesto que el cerrado de un válvula de bloqueo es insuficiente para detener el flujo por sí misma. La probabilidad de fallo en conjunto de válvula de bloqueo doble (fallo se define como la incapacidad para detener el fluido cuando sea necesario) es el producto de la falta de fiabilidad de cada válvula en el momento de cerrar (probabilidad *failing open*) (Fig. 1.11).

Cuando las dos válvulas estén en servicio, la probabilidad de que ninguna de la dos válvulas detengan el flujo de fluido (o que las dos válvulas fallen *on demand*: en el momento en que son actuadas; permaneciendo abiertas cuando debiesen cerrar) es el producto de sus probabilidades individuales de fallo:

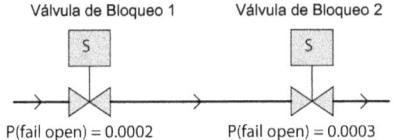

Figura 1.11: Probabilidad conjunta de fallo

$$P(\text{fallo conjunto}) = P(\textit{fail open} \text{ válvula } 1) \times P(\textit{fail open} \text{ válvula } 2)$$

$$P(\text{fallo de conjunto}) = 0.0002 \times 0.0003$$

$$P(\text{fallo de conjunto}) = 0.00000006 = 6 \times 10^{-8}$$

Una suposición extremadamente importante para que la operación `AND` sea válida es que la probabilidad de fallo de cada válvula no esté correlacionada. Por ejemplo, si la probabilidad de fallo de ambas válvulas estuviese fundada en la posibilidad que haya cierta acumulación de residuos al interior del mecanismo de válvula (haciendo que el mecanismo se congele en la posición de abierto) y de que ambas válvulas sean igualmente susceptibles a esta acumulación de residuos no habría ninguna ventaja en tener el doble de válvulas. Si hubiese residuos acumulándose en las tuberías, afectaría ambas válvulas de la misma forma. Así, el fallo de una válvula debido a este efecto prácticamente indica con seguridad el fallo de la otra válvula también. La probabilidad de eventos simultáneos o secuenciales es el producto de las probabilidades de los eventos individuales si y solo sí los eventos en cuestión son independientes (no hay ninguna relación causa-efecto entre ellos ni una causa que sea común).

Se puede ilustrar este razonamiento con el lanzamiento secuencial de un dado. Los resultados previos mostraron que la probabilidad de obtener un lado cuatro en el primer lanzamiento y de obtener un lado uno en el segundo lanzamiento es de $1/6 \times 1/6$, o de $1/36$. Sin embargo, si la persona que lanzase el dado fuese extremadamente consistente en su técnica de lanzamiento, de tal forma que se adiestrase en conseguir que los lanzamientos con resultado de cuatro sean seguido con frecuencia por lanzamientos con resultado de uno, la probabilidad de que un cuatro sea seguido por un uno sería mayor que en el caso de lanzamientos legales. En un lanzamiento legal no puede haber entrenamiento previo que polarice los resultados y se supone que las probabilidades de los eventos de lanzamiento individuales son independientes y aleatorios.

La probabilidad de cálculo de $1/6 \times 1/6 = 1/36$ es verdadera solamente si todos los resultados de lanzamientos no tienen relación entre ellos.

Otra aplicación similar de la función booleana `AND` a la probabilidad, es el cálculo de la fiabilidad del sistema (R) basado en los valores de fiabilidad individual de los componentes necesarios para el funcionamiento del sistema. Si se conocieran los valores de fiabilidad de algunos componentes cruciales del sistema y se supieran que estos valores de fiabilidad están basados en modos de fallas independientes (no relacionados), se podría usar el producto (`AND` booleano) de estos componentes de fiabilidad. Esta expresión matemática es conocida como Ley de Lusser para el producto de fiabilidades *Lusser's product law of reliabilities*:

$$R_{sistema} = R_1 \times R_2 \times R_3 \times \cdots \times R_n$$

La Ley de Lusser destaca que cualquier sistema que dependa del desempeño de algunos componentes cruciales sería menos confiable que el componente crucial menos confiable. Esto es lo mismo que decir que una cadena no es más fuerte que su eslabón más débil.

Para tener un ejemplo ilustrativo, suponga un sistema complejo que dependa de la operación confiable de seis componentes claves para funcionar, con las fiabilidades individuales de estos seis componentes siendo 91%, 92%, 96%, 95%, 93% y de 92% respectivamente. Viendo que todas las fiabilidades son mayores que el 90%, se podría pensar que la fiabilidad general sería muy buena. Sin embargo, si se siguiese la Ley de Lusser para encontrar la fiabilidad de este sistema (como un todo) es de solamente 65,3%.

La función lógica OR

La función OR considera las probabilidades de dos o más eventos redundantes (el resultado de interés ocurre sólo si cualquiera de los eventos ocurriese). Otro ejemplo de lanzamiento de dados es la probabilidad de obtener un lado cuatro en el primer o segundo lanzamiento. Es intuitivamente obvio que la probabilidad de obtener un cuatro en cualquiera de los dos lanzamientos es mayor que la probabilidad de obtener un cuatro en un solo lanzamiento. El área sombreada de posibilidades (36 en total) demuestra la probabilidad del resultado de obtener el resultado en cada lanzamiento por separado y la probabilidad de obtener el resultado usando dos lanzamientos (Fig. 1.12).

Como se puede observar, hay once resultados que coinciden con el criterio especificado de 36 resultados posibles en total (el resultado con doble cuatro también cumple el criterio, al igual que todos los otros intentos que solo contienen un cuatro). Esto lleva a un resultado de probabilidad de once en treinta y seis (11/36) para la combinación especificada. Este resultado puede no ser muy intuitivo si se asume que la función OR podría ser la suma simple de las probabilidades individuales ($1/6 + 1/6 = 2/6$ o $1/3$). Esto es lo opuesto al producto de probabilidades de la función AND ($1/6 \times 1/6 = 1/36$). Existe una aplicación de la

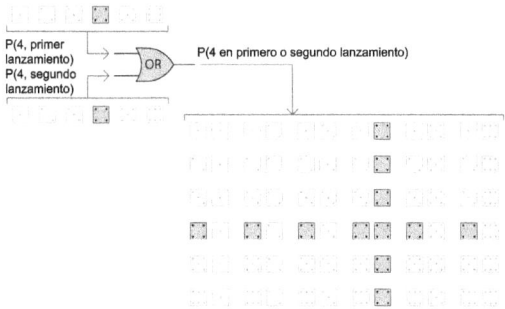

Figura 1.12: Probabilidad asociada a dos lanzamientos consecutivos

función OR en la que la probabilidad se obtiene por la suma simple, pero esto se verá más adelante.

Por ahora, una forma de entender por qué se obtiene un valor de probabilidad de 11/36 para nuestra función OR con probabilidades de entrada de 1/6 es derivar la función OR desde otras leyes de funciones de probabilidad que ya se conozcan con seguridad. El Teorema de DeMorgan establece que la función OR es equivalente a una función AND con todas las entradas y salidas invertidas (Fig. 1.13).

$$A + B = \overline{\overline{A}\,\overline{B}}$$

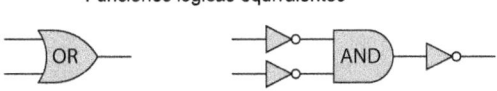

Figura 1.13: Teorema de Morgan

Ya se ha dicho que el complemento (inversión) de una probabilidad des el valor de esa probabilidad sustraída de 1.

$$\overline{P} = 1 - P$$

Esto ofrece una forma de expresar simbólicamente la definición del Teorema de DeMorgan de un función **OR** en términos de la función **AND** con tres inversiones:

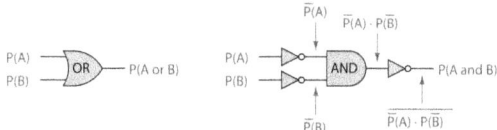

Sabiendo que

$$\overline{P}(A) = 1 - P(A)$$
$$\overline{P}(B) = 1 - P(B)$$

, se pueden sustituir esas inversiones en las funciones AND triplemente invertidas para llegar a una expresión para la función **OR** en términos simples de $P(A)$ y $P(B)$:

$$P(A \text{ or } B) = \overline{\overline{P}(A) \times \overline{P}(B)}$$

$$P(A \text{ or } B) = \overline{(1 - P(A))(1 - P(B))}$$

$$P(A \text{ or } B) = 1 - [(1 - P(A))(1 - P(B))]$$

Distribuyendo los términos en el lado derecho de la ecuación:

$$P(A \text{ or } B) = 1 - [1 - P(B) - P(A) + P(A)P(B)]$$

$$P(A \text{ or } B) = P(B) + P(A) - P(A)P(B)$$

Esta es La Tercera Ley de Probabilidad:

$$P(\text{A } or \text{ B}) = P(B) + P(A) - P(A) \times P(B)$$

Al insertar los ejemplos de probabilidades de 1/6 para $P(A)$ y $P(B)$, se obtiene la siguiente probabilidad para la función OR:

$$P(A \text{ or } B) = 1/6 + 1/6 - (1/6)\,(1/6)$$

$$P(A \text{ or } B) = 2/6 - (1/36)$$

$$P(A \text{ or } B) = 12/36 - 1/36$$

$$P(A \text{ or } B) = 11/36$$

Esto confirma la conclusión previa de que la probabilidad de obtener un cuatro en el primer o segundo lanzamiento del dado sea 11/36.

Una aplicación similar de la función OR se puede ver al trabajar con eventos excluyentes. Por ejemplo, se puede calcular la probabilidad de obtener un lanzamiento con resultado de lado tres o lado cuatro en un solo lanzamiento de un dado. A diferencia de los ejemplos previos, en los que se ha tenido dos oportunidades para obtener un cuatro y dos lanzamientos secuenciales para obtener un cuatro considerándolo como un solo lanzamiento, aquí sabemos con seguridad que el dado no puede caer mostrando un tres y un cuatro en el mismo lanzamiento. Por lo tanto, es más fácil determinar la probabilidad de OR exclusivo (XOR) que la función OR (Fig. 1.14).

Este es el único escenario donde la función de probabilidad es la suma simple de las probabilidades de entrada. En los casos en que las probabilidades

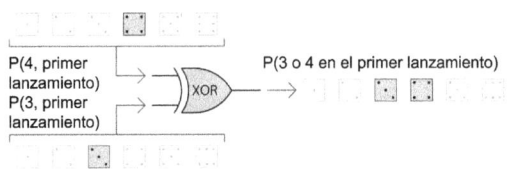

Figura 1.14: Probabilidad de eventos excluyentes

de entrada sean mutuamente exclusivas (que no puedan ocurrir simultáneamente o en una secuencia específica), la probabilidad de que resulte en uno o en otro es la suma de las probabilidades individuales. Esto nos lleva a La Cuarta Ley de Probabilidad:

$$P(\text{A } exclusively \ or \text{ B}) = P(A) + P(B)$$

Se puede volver al ejemplo de las dos válvulas de bloqueo para una aplicación práctica de la probabilidad OR. Cuando se ilustró la función de probabilidad AND se enfatizó la probabilidad de que ambas válvulas fallen en el momento en que se requiera accionar el corte de flujo, la válvula 1 y la válvula 2, ambas, deben fallar permitiendo el paso del flujo (falla en abierto: al fallar deja pasar fluido: FO *fail open*) cada una, para que se considere que el doble bloqueo haya fallado al intentar contener el flujo. Ahora se hará énfasis en la probabilidad de que unas de las dos válvulas no abra cuando sea necesario. Mientras que el escenario AND era una exploración de la falta de fiabilidad de un sistema (esto es: la probabilidad de que algo falle en un intento por detener una condición peligrosa), este escenario es una exploración de la falta de disponibilidad del sistema *unavailability* (es la probabilidad de que pueda fallar en un intento por reanudar la operación normal) (Fig. 1.15).

Cada válvula de bloqueo está diseñada para ser capaz de detener el flujo independientemente, de tal forma que el fluido

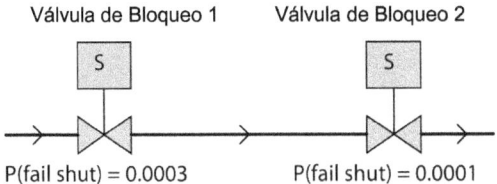

Figura 1.15: Probabilidad de fallo en un intento por la reanudación de la operación normal de un sistema

de proceso potencialmente peligroso sea detenido por el cierre de una o ambas válvulas. La probabilidad de que el flujo de fluido de proceso pueda ser detenido por el fallo de cualquiera de las dos válvulas en abrir es un función de **OR** simple (no exclusivo):

$$P(\text{f. conj.}) = P(\text{fallo v1}) + P(\text{fallo v2}) - P(\text{fallo v1}) \times P(\text{fallo v2})$$

$$P(\text{fallo del conjunto}) = 0.0003 + 0.0001 - (0.0003 \times 0.0001)$$

$$P(\text{fallo del conjunto}) = 0.0003997 = 3.9997 \times 10^{-4}$$

Un ejemplo práctico de la función de probabilidad de OR exclusivo (**XOR**) puede ser vista en el análisis de fallo de un bloque simple de la válvula. Si consideramos que la probabilidad de que esta válvula pueda fallar en ambas condiciones (al abrir y al cerrar), y se tienen datos sobre las probabilidades de que la válvula falle al abrir y falle al cerrar, se puede usar la función **XOR** para modelar la falta de fiabilidad general del sistema. Se sabe que la función **XOR** es la función apropiada aquí porque los dos escenarios de entrada

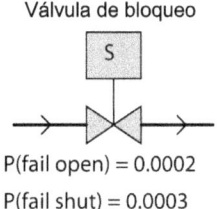

Figura 1.16: Análisis de fallo de un solo bloque de válvula

(fallo al abrir v.s. fallo al cerrar) no pueden ocurrir nunca al mismo tiempo (Fig. 1.16).

$$P(\text{fallo de válvula}) = P(\text{fallo en apertura}) + P(\text{fallo en cierre})$$

$$P(\text{fallo de válvula}) = 0.0002 + 0.0003$$

$$P(\text{fallo de válvula}) = 0.0005 = 5 \times 10^{-4}$$

Resumen de las leyes de probabilidad

Complemento (inversión) de probabilidad:

$$P(A) = 1 - P(\overline{A})$$

Probabilidad de eventos intersectantes (donde ambos deben ocurrir simultáneamente o en una secuencia específica para que pueda obtenerse el resultado):

$$P(\text{A } and \text{ B}) = P(\text{A}) \times P(\text{B})$$

Probabilidad de eventos redundantes (donde uno de dos debe ocurrir) para que se observe el resultado de interés:

$$P(\text{A } or \text{ B}) = P(B) + P(A) - P(A) \times P(B)$$

Probabilidad de eventos redundantes exclusivos (donde uno de los dos puede pasar, pero no en forma simultánea ni en una secuencia específica) para obtener el resultado de interés:

$$P(\text{A } OR \text{ } exclusivo \text{ B } OR \text{ } exclusivo) = P(A) + P(B)$$

1.2.3 Mediciones prácticas de fiabilidad

En ingeniería de fiabilidad, es importante ser capaz de valorar la fiabilidad (o inversamente la probabilidad de fallo) de los componentes más comunes, y para los sistemas que tienen estos componentes. Para esto se han desarrollado términos especiales y modelos matemáticos que describen la probabilidad que se puede aplicar a la fiabilidad de los componentes y del sistema.

Quizás la medida de fiabilidad más importante sea la tasa de fallo de un componente o de un sistema de componentes, simbolizado por la letra griega lambda (λ). La definición de un *failure rate*: tasa de fallos para un grupo de componentes que están bajo pruebas de fiabilidad es la tasa instantánea de fallos entre el número de de componentes sobrevivientes:

$$\lambda = \frac{\frac{dN_f}{dt}}{N_s} \qquad \text{o} \qquad \lambda = \frac{dN_f}{dt} \frac{1}{N_s}$$

Donde,
λ = Tasa de fallos
N_f = Cantidad de componentes fallados durante el período de prueba

N_s = Cantidad de componentes sobrevivientes durante el período de prueba

t = Tiempo

La unidad de medición para la tasa de fallos (λ) es tiempo invertido (Ejemplo, por hora o por año). Una expresión alternativa para tasa de fallos se ve en la literatura de fiabilidad por el acrónimo *FIT* (Fallos en tiempo), en unidades de 10^{-9} fallos por hora. Al usar una unidad con un multiplicador incorporado como 10^{-9} les hace más fácil a las personas lidiar con los valores de λ muy pequeños que están asociados con componentes y sistemas industriales de alta fiabilidad.

La tasas de fallo también se puede aplicar a componentes de switches discretos (ON/OFF) y sistemas de componentes de conmutación discreta sobre la base de los ciclos de encendido y apagado en lugar de los ciclos de un reloj. En estos casos, se puede definir la tasa de fallos en términos de ciclos (c) en lugar de términos en minutos, horas y otras unidad de medida de tiempo (t):

$$\lambda = \frac{\frac{dN_f}{dc}}{N_s} \qquad \text{o} \qquad \lambda = \frac{dN_f}{dc}\frac{1}{N_s}$$

La tasa de fallo puede ser constante o puede estar sujeta a cambios en el tiempo dependiendo del tipo y del envejecimiento de cada uno de los componentes (o sistema de componentes). Una expresión gráfica para la tasa de fallos es la llamada *bathtub curve*: curva de la bañadera o tina, que muestra el perfil de fallo típico en el tiempo desde la fabricación inicial hasta el último uso (Fig. 1.17).

Esta curva muestra el perfil de la tasa de fallo de una muestra grande de componentes (o de una muestra grande de sistemas) a medida que envejecen. La tasa de fallos comienza con un valor alto en tiempo cero debido a errores de fabricación. La tasa de fallos decrece rápidamente durante un período llamado *burn-in period*: período de rodaje, donde los componentes defectuosos sufren una muerte

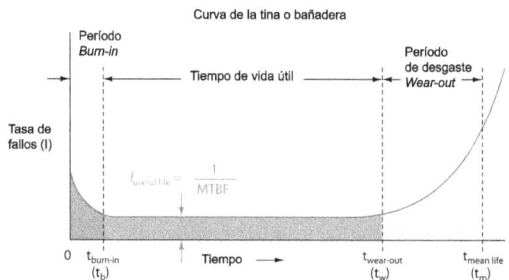

Figura 1.17: Tasa de fallo dependiente del tiempo

temprana. Después del período *burn-in*, la tasa de fallos permanece relativamente constante durante la vida útil de los componentes. Cualquier falla que ocurra durante el período de vida útil se deberá a accidentes desafortunados. Hacia el final de la vida de trabajo de los componentes, se considera la existencia de un *wear-out period*: periodo de agotamiento, en el que la tasa de fallos comienza a elevarse hasta que todos los componentes fallen. El tiempo promedio de vida de cada componente (t_m) es el tiempo requerido para que la mitad de los componentes sobrevivan hasta el *wear-out time* (t_w) para fallar, mientras que la otra mitad de los componentes fallan después del tiempo de vida medio.

Algunos factores importantes son evidentes en la curva de la tina. Primero, la fiabilidad de los componentes es la mayor entre los períodos de *burn-in* y de *wear-out*. Por esta razón, muchos fabricantes de componentes y sistemas de alta fiabilidad realizan las pruebas de *burn-in* antes de la venta, de tal forma que los clientes lleven productos que hayan pasado este período.

Una medición importante de fiabilidad es el tiempo medio entre fallos MTBF o *Mean Time Between Failure*. Si un componente o sistema fuese reparable, la expresión *Mean Time To Failure* (MTTF) se usa frecuentemente en lugar de MBTF. Como se muestra en la curva de la tina, el MTBF es el recíproco de la tasa de fallo durante el período de vida útil. Este es el período de tiempo donde la tasa de falla está en un valor constante bajo, esto hace que el MTBF sea un valor grande. Mientras que la tasa de fallo (λ) se mide en unidades de tiempo recíproco (por hora, por año), MTBF se expresa simplemente en unidades de tiempo (horas, años).

Otra medición importante de fiabilidad es la vida media *mean life*. Esta es una expresión del tiempo de vida de operación de los componentes o sistemas. A primera vista puede parecer un sinónimo con MTBF, pero no lo es. MTBF (y por extensión la tasa de fallo de vida útil, puesto que MTBF es el recíproco de la tasa de fallos) es una expresión de susceptibilidad a las fallas aleatorias (*chance*). MTBF y λ_{useful} son muy independientes de la vida media. En la práctica, los valores de MTBF exceden por mucho los valores de vida media. Cuando se determina el tiempo en que cualquier componente deja de funcionar en un sistema de alta fiabilidad, la vida media (o mejor, el *wear-out*) se debe utilizar como guía, no el MTBF. Esto no sugiere que el MTBF sea una medida inútil (lejos de esto) MTBF simplemente sirve a otros propósitos, como predecir la tasas de las fallas aleatorias *durante* la vida útil de un gran número de componentes o de sistemas, mientras que la vida media predice el período de vida de servicio.

La fiabilidad (R) es la probabilidad de que un componente o sistema se desempeñe como fue ideado y cuando sea necesario. Al igual que otras medidas de probabilidad, la fiabilidad puede variar entre 0 y 1, incluyendo ambos. Dada la tendencia de que los dispositivos fabricados fallen en el tiempo, la fiabilidad decrece con el tiempo. Durante la vida útil de un componente o sistema, la fiabilidad está relacionada con la tasa de fallo a través de una función exponencial simple:

$$R = e^{-\lambda t}$$

Donde,

R = fiabilidad como una función de tiempo (algunas veces mostrada como $R(t)$

e = Constante de Euler ($\approx 2,71828$)

t = Tiempo

Sabiendo que la tasa de fallo es el recíproco matemático del tiempo medio entre fallos (MTBF), se puede rescribir la ecuación en términos de MTBF como una constante de tiempo (τ) para los fallos aleatórios durante el tiempo de vida útil:

$$R = e^{-t/\tau}$$

Así, la fiabilidad tiene la misma aproximación a cero con el tiempo que uno podría esperar de un proceso de caída de primer orden como el de un objeto frío que se aproxima a la temperatura ambiente o el de un capacitor que se descarga hacia cero volts. Un ejemplo práctico de esta ecuación es el cálculo de fiabilidad de un transmisor de presión diferencial analógico modelo 1151 de Rosemount (con un MTBF demostrado de 226 años) con una vida de servicio de 5 años que siguen al burn-in:

$$R = e^{-5/226}$$

$$R = 0.9781 = 97.81\%$$

La fiabilidad, como ha sido definida previamente, es la probabilidad de que un componente o sistema se desempeñe como ha sido diseñado cuando se le necesite. Al igual que los valores de probabilidad, la fiabilidad se expresa con un rango entre 0 y 1, incluyendo ambos. Un valor de fiabilidad de cero (0) significa que el componente o el sistema es totalmente no confiable (se garantiza que fallará). Inversamente, un valor de fiabilidad de uno (1) significa que el componente o el sistema es completamente confiable (está garantizado que se desempeñará propiamente cuando sea necesario). El complemento matemático de la probabilidad se conoce como PFD, *Probabilty of Failure on Demand*. Al igual que la fiabilidad, esto también es un valor de probabilidad que va de 0 a 1, incluyendo ambos. Un valor PFD de cero significa que no hay probabilidad de fallo (esto es: está garantizado que funcionará bien cuando sea requerido) mientras que un valor PFD de uno (1) significa que es completamente no confiable (está garantizado que fallará). Así:

$$R + \text{PFD} = 1$$

$$\text{PFD} = 1 - R$$

$$R = 1 - \text{PFD}$$

Para que un sistema sea de alta fiabilidad, el valor de R debe ser alto: muy cercano a 1 y debe tener un valor de PFD bajo (muy próximo a 0). Cuan grande o bajo deba ser el valor de R depende de cuan crítico sea el componente o sistema para la satisfacción de las necesidades humanas.

El grado de fiabilidad que se le exige a un sistema para que satisfaga las necesidades de la vida moderna, puede ser sorprendentemente alto. Suponga por un momento que UD está a punto de comprar un casa en un sector para el cual se sabe que la fiabilidad del servicio de suministro eléctrico es de 99 por ciento (0.99). Esto puede parecer bueno, pero si UD calculara cuántas horas de apagón se experimentan según este grado de fiabilidad, se sorprendería de lo malo que puede llegar a ser. Si el valor de fiabilidad del servicio eléctrico en esta vecindad fuese 0.99, entonces la "no fiabilidad" sería de 0.01:

$$(365 \text{ días}/1 \text{ año}) \,(24 \text{ horas}/1 \text{ día}) \,(0.01) = 87.6 \text{ horas}$$

Al parecer 99% no es mucho después de haber hecho los cálculos.   Ahora, suponga que en una instalación industrial se necesita un suministro de energía eléctrica en forma ininterrumpida debido al tipo de producción que es continua.   Esta instalación posee generadores de respaldo Diesel para proporcionar energía durante los apagones, pero que están dimensionados para 5 horas de operación por año ¿Qué tan confiable debiese ser el servicio de suministro de energía eléctrica para que pueda satisfacer los requerimientos operacionales de esta instalación industrial?   La respuesta puede ser calculada simplemente calculando la "no fiabilidad" (PFD) del suministro de energía basándose en 5 horas de apagón al año.

$$\text{PFD} = 5 \text{ horas/Horas en un año} = 5/8760 = 0.00057$$

$$R = 1 - \text{PFD} = 1 - 0.00057 = 0.99943$$

Entonces, el suministro de energía eléctrica entregado a esta instalación industrial debe ser 99.943% confiable para poder satisfacer la condición esperada de que no se necesiten usar los generadores de respaldo Diesel por más de 5 horas al año, en promedio.

Existe una expresión basada en órdenes de magnitud donde la fiabilidad deseada se expresa según la cantidad de nueves presentes en el resultado del cálculo de fiabilidad. Así un valor de fiabilidad de 99.9% se expresa como "tres nueves" y un valor de 99.99% como "cuatro nueves".

1.3   Sistemas de alta fiabilidad

Como se ha discutido al comienzo del capítulo, la seguridad industrial puede ser dividida en dos categorías: riesgos de seguridad causados por el mal funcionamiento de los instrumentos y sistemas de instrumentación especiales diseñados para reducir los riesgos de seguridad de los procesos industriales. El tema de esta sección se incluye en la primera categoría.

Cualquier método que se elija para mejorar la fiabilidad tendrá costos adicionales a los de operación de la instalación industrial. Estos costos pueden ser en la forma de gastos de capital como las compras de equipamientos iniciales o los gastos de instalación) o gastos continuos en mano de obra o de consumibles. Al carecer de ganancias económicas, es un desafío constante justificar un estrategia de mejora de fiabilidad a lo largo del tiempo. Es irónico que mientras menos fallas se observen a consecuencia de su implementación menos parecerá útil este a los que no sean especialistas. Es más difícil convencer al administrador de una instalación industrial en la que no se hayan observado fallas que a uno con una industria con problemas. Además el personal de finanzas, que debe aprobar el presupuesto no estará tan consciente como aquellos que ejecutan el mantenimiento preventivo. Por otro lado el personal de mantenimiento siempre quedará bajo la sospecha de querer mantener el trabajo que realizan más por motivación propia que por necesidades del método.

En las próximas subsecciones se presentarán algunos métodos para aumentar la fiabilidad de los sistemas.

1.3.1 Diseño y selección de métodos para la fiabilidad

Existen muchos diseños diferentes para sistemas electrónicos y mecánicos, pero no son iguales en términos de fiabilidad. El balance es un factor importante en fiabilidad mecánica. Una maquinaria bien balanceada opera con poca vibración, mientras que una mal balanceada tenderá a chocar entre sí y contra otros dispositivos mecánicamente acoplados, de tal forma que se producirá una separación entre las partes con el tiempo.

La fiabilidad de los circuitos electrónicos depende mucho del diseño y de la elección de los componentes electrónicos.

Un ejemplo histórico de diseño orientado a la fiabilidad se da en el sistema de control analógico Foxboro SPEC 200. La fiabilidad del sistema de control SPEC 200 es legendaria, y se debe a diferentes factores: de acuerdo a la literatura técnica de Foxboro, se fueron desarrollando diferentes guías de acuerdo a la experiencia obtenida a partir del uso de instrumentos de campo electrónicos Foxboro (mayormente los de las líneas E y H), entre las que se encuentran las siguientes:

- Todos los switches críticos es mejor que estén la mayor parte de su tiempo en estado cerrado

- Evitar el uso de resistores de carbón y preferir resistores de bobina o de película

- Evitar el uso de semiconductores con carcasas plásticas y usar los sellados con carcasa de vidrio

- Evitar el uso de capacitores electrolíticos y usar los de Tantalio o de policarbonato en su lugar

Además del empleo de componentes de alta calidad y de prácticas de diseño excelentes, los componentes se hacían envejecer (*burn* in) antes de ser incorporados a la tarjeta, evitando las fallas tempranas o *early failures* que tendrían lugar si el envejecimiento se efectuara durante su vida útil.

1.3.2   Mantenimiento Preventivo

El término de mantenimiento preventivo se refiere al mantenimiento (reparación o reemplazo) de componentes antes de que ocurra una falla inevitable en el sistema. Es necesario tener algún conocimiento sobre la vida útil de los componentes críticos de un sistema para que se pueda planificar el reemplazo de estos en forma inteligente. En una curva de tina de baño el tiempo de vida corresponde a *wearout time* o *twear − out*.

Los calendarios de reemplazo preventivo de componentes están basados en el comportamiento histórico del tiempo de vida de los componentes y en los gastos operativos asociados a la falla de dichos componentes. El mantenimiento preventivo es un gasto que se asume por adelantado pera evitar incurrir en gastos mayores más adelante.

Un ejemplo de mantenimiento preventivo y su ahorro en costos es el reemplazo periódico del aceite lubricante y de los filtros de aceite en los motores de auto. Los fabricantes de automóviles entregan los detalles de cuándo y como efectuar dichos reemplazos basados en pruebas realizadas previamente a los motores y en suposiciones sobre los hábitos que manifiestan las personas al manejar. Algunos fabricantes ofrecen incluso dos especificaciones de mantenimiento, uno para los clientes que conducen en forma normal y otro para los clientes que usan mucho el auto, para estos últimos se considera que existe desgate acelerado. Aunque un cambio de aceite pueda parecer muy trivial y poco importante, es parte de la mantenimiento regular del sistema de lubricación del automóvil y es absolutamente crítico para un tiempo de vida extenso y para que se tenga un desempeño óptimo. Ciertamente que las consecuencias de no realizar adecuadamente las tareas de mantenimiento preventivo del motor del automóvil pueden resultar muy costosas.

Otro ejemplo de mantenimiento preventivo para mejora en la fiabilidad de los sistemas, es el cambio rutinario de las ampolletas (focos) en señales del tránsito. Por razones muy obvias, el funcionamiento apropiado de las luces de señalización de trafico es crítico para tener un comportamiento fluido de tráfico y para la seguridad de las personas. De nada serviría cambiar las ampolletas (focos) después que hayan fallado, deben ser reemplazadas antes de que se venza su vida útil. El costo de estos mantenimientos es grande, pero nada comparado con los costos derivados de la congestión de tráfico y de los accidentes que puedan causar las ampolletas quemadas.

Un   ejemplo de mantenimiento preventivo en instumentación industrial es la instalación de secadores de aire o *dryer* para los sistemas de aire comprimido que se usan para alimentar instrumentos neumáticos y actuadores de válvulas. El aire comprimido es una forma muy útil para transferir y almacenar energía mecánica, pero pueden ocurrir problemas si el agua entrara a los instrumentos neumáticos junto con el aire que llevan estos sistemas. El aire húmedo puede causar corrosión, bloqueos y atascamientos hidráulicos. Por eso es que el sistema de aire comprimido de instrumentación se instala separado del sistema de aire comprimido que se necesita para herramientas neumáticas de propósito general que el que se utiliza para los actuadores. También por eso se utilizan tuberías fabricadas de plástico, cobre o de acero Stainless en lugar de acero negro o acero galvanizado (son inmunes a la corrosión) y también explica el por qué se usan mecanismos de secado cerca del compresor de tal forma que sea capaz de absorber y expeler la humedad. En general, los secadores de aire usan un material desecante que es capaz de absorber el vapor de agua presente en el aire comprimido. El agua retenida en el material desecante debe ser extraída en forma periódica. Después de un determinado tiempo de uso, el material desecante debe ser reemplazo por otro.

1.3.3 *De-rating* de componentes

Existen componentes cuyo tiempo de vida no guarda relación con la carga de trabajo que deben soportar. Por ejemplo un controlador PID durará el mismo tiempo aunque el proceso que deba controlar sea difícil (inestable) o fácil (auto-regulado). Sin embargo, lo mismo no se puede decir de cada componente que forma el lazo de control *control loop*. La válvula de control en el proceso auto-regulado cambia raramente de posición en contraste con la del proceso inestable, la cual debe moverse continuamente en un esfuerzo por estabilizarla en el setpoint *punto de comisionamiento*: a menor actividad de la válvula, mayor tiempo de vida. Los componentes de sistemas de control manifiestan una relación inversa entre la carga de servicio (que tan duramente deben operar) y de tiempo de servicio (cuánto deberá durar). En tales casos, una forma de incrementar el tiempo de servicio es hacer *de-rating* o subutilizar el componente: hacerlo operar con una carga menor a la que se indica por diseño.

Por ejemplo, un manejador de motor de frecuencia variable *variable-frequency motor drive (VFD)* convierte la corriente AC que se encuentra oscilando a una frecuencia y voltajes fijos, y entrega una corriente AC de frecuencia y voltaje variables, a fin de obtener velocidades y torques diferentes en un motor de inducción. Estos dispositivos electrónicos (VFD) disipan algún tipo de calor que se debe mayormente a los estados de conducción imperfectos (ligeramente resistivos) de los transistores de potencia. La temperatura es un factor de desgaste en los dispositivos semiconductores: a mayor temperatura, menor tiempo de vida. Entonces, un VFD que opere a una temperatura más alta fallará antes que otro que opere a una temperatura menor (en igualdad de otras condiciones). Una forma de reducir la temperatura de operación de un VFD es usarlo sobredimensionado para la aplicación que lo requiera: Si el motor que se necesita manejar requiriese dos caballos de fuerza *horsepower* de potencia eléctrica en situación de carga total, se podría usar un VFD de cinco caballos de fuerza (programado para un motor menor: usar *trip* reducido). De esta forma, se obtendría una mejor fiabilidad.

Además de extender el tiempo de vida útil, el *de-rating* también tiene la habilidad de aumentar el tiempo medio entre fallas (MTBF) de los componentes sensibles a la carga. Note que (MTBF) es el recíproco de la tasa de fallas que ocurren en el área inferior de la curva de la tina, las cuales son fallas ocasionadas por causas aleatorias. No es lo mismo que *wear-out*, el que significa un incremento en la tasa de fallos debido al desgaste irreversible y al envejecimiento. La razón principal por la que un componente pueda manifestar un incremento en el valor MTBF como consecuencia del de-rating es que el componente esté en mejores condiciones para absorber transientes originados por sobrecargas. Estos transientes son una causa típica de fallo en la vida operacional de los componentes de un sistema.

Considere el ejemplo de un sensor de presión en un proceso del que se conoce que manifiesta transientes debido a picos de presión. Un sensor que sea escogido para que cubra los valores de presión del proceso en todo su rango, no tendrá mucha tolerancia a la sobrepresión. Es posible que algunos pocos eventos de sobrepresión gatillen la falla en este sensor mucho antes de que se venza su tiempo de vida útil. Sin embargo, un sensor de presión usado en modo *de-rated* (con un rango de sensado de presión mucho mayor que el intervalo de presión normalmente observado en el proceso) tendrá mucha mayor capacidad para sobrevivir los picos aleatórios y, por lo tanto, manifestará menos probabilidad de un fallo aleatorio.

Existe un costo asociado al uso de componentes en modo *de-rated*, la inversión inicial del proyecto es mayor (debido a que se proyecta para una capacidad mayor y debido a que la construcción sea más robusta) y la sensibilidad es menor. El último factor es importante si se espera alta precisión a la vez que alta fiabilidad. En el ejemplo del sensor de presión *de-rated*, la precisión es menor debido a que no se puede usar todo el rango del sensor para representar las mediciones de valores normales del proceso. Si el instrumento fuese digital, es segura la disminución en precisión como resultado de usar el sensor en modo *de-rated*. Es por eso que a veces se prefiere hacer más frecuentemente el mantenimiento preventivo (reemplazo o reparación más frecuente) que trabajar en modo *de-rated*.

1.3.4 Componentes redundantes

El MTBF se puede aumentar al duplicar en forma paralela los componentes críticos de los que depende. De esta forma, la falla de un componente no comprometerá el sistema como un todo. Esto se denomina redundancia. Un ejemplo común de la redundancia de componentes en instrumentación y sistemas de control es la redundancia que tienen los sistemas de control distribuidos (DCS), donde los procesadores, cables de redes e incluso los canales de entrada/salida pueden estar equipados con duplicados *hot standby* que están listos para asumir funcionalidad en el evento de que el componente principal falle.

La redundancia puede que haga aumentar el MTBF de un sistema pero no necesariamente extenderá el tiempo de servicio. Un DCS, por ejemplo, equipado con módulos de control microprocesado redundantes, instalados en su rack tendrá un mayor MTBF porque ante una falla aleatoria de un microprocesador, otro del tipo *hot standby* lo reemplazará en su funcionamiento. Sin embargo, debido a que ambos microprocesadores permanecen alimentados durante el mismo tiempo, envejecerán simultáneamente por lo que tenderán a gastarse a la misma velocidad: sus tiempos de vida no se podrían sumar.

La extensión en MTBF como resultado de la aplicación de la redundancia es efectiva solo cuando las fallas aleatorias sean eventos estadísticamente independientes, esto es, no están asociados por una causa común. Para usar el ejemplo del rack DCS con módulos de control microprocesados, la susceptibilidad del rack a la ocurrencia de una falla aleatoria de un microprocesador será menor por la presencia de microprocesadores redundantes solamente si se garantiza que las fallas no están correlacionadas entre sí, de esta forma afectarán por separado a cada procesador. Puede haber muchos mecanismos de falla de causa común capaces de afectar tanto a uno como a dos racks, en estos casos la redundancia es completamente inútil. Ejemplos de estos mecanismos de causa común son los picos en el suministro de energía eléctrica (debido a que un pico suficientemente fuerte para afectar a un módulo podría afectar a otro al mismo tiempo; y las infecciones de virus de computador porque un virus que sea capaz de afectar a un módulo podrá afectar por igual y al mismo tiempo a otro módulo.

Un ejemplo simple de redundancia de componentes en

un sistema grande es el diseño de esta compuerta lógica AND pasiva (esta es una compuerta AND porque cualquier entrada baja forzará una salida baja y solamente cuando todas las entradas estén en alto, la salida podrá alcanzar a un estado lógico alto), usando ocho diodos y cuatro resistores (Fig. 1.18).

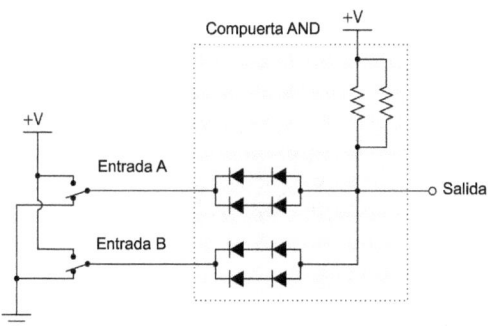

Figura 1.18: Ejemplo de redundancia en un componente electrónico

La versión no redundante de este circuito de compuerta pasiva requeriría solamente dos diodos (uno para cada una de las líneas de entrada) y solamente un resistor *pull-up*. Los diodos adicionales y el resistor adicional proporcionan la redundancia en el evento de fallas de componente. La configuración serie-paralela de los diodos de entrada proporcionan tolerancia a falla aislada de un solo diodo que lo deje en cortocircuito o en circuito abierto. La configuración en paralelo de los resistores ofrece tolerancia a una falla aislada de circuito abierto pero no proporciona tolerancia a resistores en cortocircuito. Los diodos en estas aplicaciones tienden moderadamente a fallar en cortocircuito mientras que los resistores manifiestan una tendencia fuerte a fallar en circuito abierto. La distribución estadística de las fallas de corte v.s. fallas en abierto de los diodos conmutadores van de 40.9% a 9.1% (es 4.5 veces más probable una falla en cortocircuito que una falla en abierto). Los diodos rectificadores manifiestan una incidencia de falla que es casi el doble de que fallen en abierto (21.2% v.s. 11.6%). Curiosamente, los diodos de microondas y de baja señal (para aplicaciones analógicas) se comportan en la forma opuesta: más fallas en abierto que fallas en cortocircuito. Los resistores de todos los tipos muestran una fuerte tendencia a fallar en abierto que en cortocircuito: los resistores de película fija fallan 37.5% en abierto en contra de 5.0% en cortocircuito; los de bobina fallan 26.7% en abierto v.s. 3.1% en cortocircuito. La decisión de diseño de proporcionar a los diodos tolerancia a fallas en cortocircuito pero no para los resistores no solo está basada en la tendencia a fallo en abierto de los resistores, sino también por la mejor fiabilidad general de ciertos tipos de resistores (notablemente los de bobina) en comparación con los diodos.

Un ejemplo común de redundancia en instrumentación industrial es el uso de más de un transmisor para sensar la misma variable de proceso, de esta forma las variables de proceso críticas aún podrán ser monitoreadas en el caso de una falla en uno de los transmisores. Así, la instalación de transmisores redundantes extendería el MTBF del sistema de sensado.

De todas formas, el problema de las fallas de origen común debe ser atendido también en este caso. Si tres transmisores de nivel de líquido se instalaran para medir el mismo nivel de líquido, la combinación de sus señales representaría un aumento en el MTBF del sistema de medición solamente si las fallas se comportan en forma estadísticamente independientes. Un mecanismo que falla común a los tres transmisores dejaría al sistema tan vulnerable a las fallas aleatorias como si hubiese un transmisor único. Para alcanzar el MTBF óptimo en los arreglos de sensores redundantes, los sensores deben ser inmunes a las fallas comunes.

En este ejemplo, los tres tipos diferentes de transmisores de nivel que monitorean el nivel de líquido al interior de un recipiente emiten señales que son procesadas por una función de selección programada al interior de un DCS (Fig. 1.19).

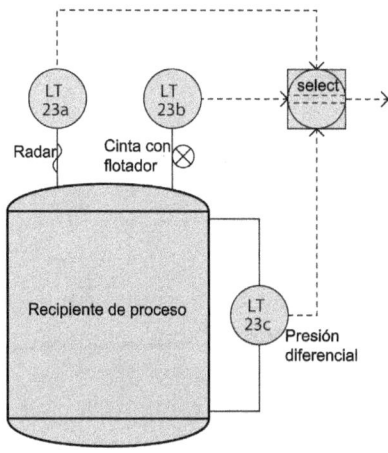

Figura 1.19: Función de selección al interior de un DCS

Aquí el transmisor de nivel 23a es un radar de onda guiada (GWR), el transmisor 23b es un sistema de cinta con flotador y el 23c es un sensor de presión diferencial. Los tres transmisores de nivel sensan el nivel de líquido a través de tres tecnologías diferentes, cada una con su propias fortalezas y debilidades. Con este esquema se puede obtener mayor redundancia ya que no es muy probable que alguna condición de evento u otro evento de falla afecte simultáneamente a más de un transmisor.

Por ejemplo, si ocurriera un cambio rápido de densidad en el líquido de proceso, podría afectar la precisión de las mediciones del transmisor de presión diferencial (LT-23c), pero no al transmisor de radar ni al transmisor de cinta con flotador. Si la densidad del vapor de proceso cambiara rápidamente, podría afectar al transmisor de radar (debido a que la densidad del vapor afecta generalmente a la constante dieléctrica y esta afectaría a la velocidad de las ondas electromagnéticas, las que, a su vez, harían cambiar el intervalo de tiempo que le toma al pulso de radar para impactar la superficie del líquido y volver), pero no afectaría a la precisión del transmisor con cinta y flotador ni a la del transmisor basado en presión diferencial. La turbulencia de la superficie del líquido en el recipiente puede afectar en forma severa la capacidad del transmisor de flotador para sensar con precisión el nivel de líquido, pero tendrá un efecto menor en la precisión del transmisor de presión diferencial y en las mediciones del transmisor de radar (asumiendo que el transmisor de radar esté protegido al interior de un ducto especial llamado *stilling well*.

Si la función de selección tomase la medición intermedia del promedio de las dos mejores mediciones de tres, no habría grandes efectos en las mediciones de nivel de líquido al interior de recipiente. Se podría tener redundancia verdadera, puesto que es muy poco probable que fallen simultáneamente los tres transmisores y porque las mediciones de nivel se realizan en tres formas completamente diferentes.

Para que la redundancia sea efectiva es necesario que todos los componentes redundantes deban tener exactamente la misma función de proceso al mismo tiempo. En el caso de componentes redundantes de un DCS tales como procesadores, tarjetas de Entrada/Salida y cables de redes; cada uno de estos elementos debe únicamente permanecer en espera de un posible reemplazo del componente principal del cual es el respaldo. Sin un nodo DCS en concreto estuviese equipado con dos procesadores (uno principal y otro secundario (backup)) y el procesador de respaldo estuviese siendo ocupado en algunas tareas diferentes de las que realiza el procesador principal (o viceversa) y uno de los procesadores fallara, el otro no podría realizar exactamente la misma función por lo que la operación del sistema resultaría afectada (tan mínimamente como se quiera) por la falla del procesador.

Similarmente, los sensores redundantes deben realizar exactamente la misma función de medición de proceso para que la redundancia sea verdadera. Un proceso que utilice tres mediciones simultáneas como en el caso anterior de la medición de nivel con tres transmisores diferentes, tendrá la protección de la redundancia si y solo si los tres transmisores sensaran el mismo nivel de líquido usando el mismo rango de medición. Conseguir este es, con frecuencia, un gran desafío, ya que es necesario encontrar ubicaciones adecuadas en el recipiente de proceso para que los tres instrumentos sensen exactamente la misma variable de proceso y esto puede ser muy complicado debido a que los ductos que penetran el recipiente (boquillas o *nozzles*) no están ubicados convenientemente para que puedan aceptar muchos instrumentos en los puntos necesarios que mantengan la consistencia de las mediciones entre estos. Un caso frecuente donde ocurre esto, es cuando a un recipiente de proceso ya instalado (es diferente si ya el recipiente viniese de fábrica con los elementos instalados) se le colocaran transmisores de proceso redundantes. En instalaciones nuevas no existe el problema, debido a que las boquillas y los otros accesorios necesarios pueden ser ubicados en las posiciones correctas desde el momento de diseño.

En los casos en que haya mucha turbulencia en el caudal del fluido al interior de un recipiente de proceso, es posible que los múltiples sensores instalados para medir la misma variable de proceso reporten diferencias significativa. En el caso de que haya muchos transmisores de temperatura ubicados muy cerca uno del otro en una columna de destilación, por ejemplo, podría haber diferencias importantes de temperatura en sus elementos de sensado respectivos (termocuplas o RTDs) cuando estos contactan el líquido de proceso o vapor en puntos en los que el patrón de flujo varíe. Múltiples sensores de nivel de líquido, aunque sean de la misma tecnología, pueden reportar diferencias en el nivel de líquido si el líquido al interior del recipiente manifestase remolinos o embudos *funnels* durante la entrada o salida hacia o desde el recipiente.

Las diferencias grandes entre mediciones de los transmisores redundantes no solo comprometen la capacidad para que estos funcionen como elemento de respaldo, sino que podrían hacer que el sistema interpretase algunas mediciones como síntomas de un fallo en uno o más transmisores, en consecuencia algunas mediciones no se tomarían en cuenta. Usando otra vez el sistema de tres transmisores, suponga que el transmisor de nivel basado en radar registre dos centímetros de nivel adicionales a los niveles registrados por los otros dos transmisores debido a los efectos de un remolino de líquido al interior del recipiente. Si la función de selección estuviese programada para ignorar estas desviaciones de medición, el sistema se degradaría a un sistema doblemente redundante en lugar de que el sistema triplique la redundante existente. En el caso de un nivel de líquido peligrosamente bajo, por ejemplo, solamente los transmisores de nivel basados en radar y los basados en flotador serían capaces de avisar esta condición de peligro, porque el transmisor de nivel basado en presión diferencial estaría registrando un nivel muy alto.

1.3.5 Controles periódicos *proof tests* y autodiagnósticos

Los control periódicos son una técnica de mejora de la fiabilidad relacionada con el mantenimiento preventivo que se debe realizar a instrumentos y funciones críticas. Generalmente no es tan cara como el reemplazo de componentes. Consisten en pruebas periódicas de componentes y de funciones del sistema. Estos controles aumentan el MTBF del sistema a través de dos formas:

- Detección temprana de problemas

- Ejercitación regular de los componentes

En primer lugar, los controles pueden revelar debilidades que se están comenzando a manifestar en los componentes, indicando la necesidad de reemplazo en un futuro cercano. Esto se denomina algunas veces como mantenimiento preventivo, porque el resultado del control se usa para predecir una falla casi segura.

La segunda forma en que los controles periódicos aumentan la fiabilidad del sistema es a través de los efectos benéficos del funcionamiento regular. El desempeño de muchos componentes y sistemas tienden a degradarse después de períodos prolongados de inactividad. Esta tendencia es más marcada en los sistemas mecánicos, pero también es válida en el caso de ciertos componentes eléctrico y sistemas. Las válvulas de solenoide, por ejemplo, pueden atascarse cuando no han cambiado de posición durante mucho tiempo. Los rodamientos pueden corroerse y atascarse si permanecen mucho tiempo inmóviles. Las baterías basadas en células pueden fallar después de períodos largos durante los cuales no se hayan usado. El uso regular de los componentes aumenta su fiabilidad al disminuir la probabilidad de una falla relacionada con el atascamiento mucho antes de que se termine la vida útil.

Es muy importante contar con piezas de repuesto al alcance de la mano por si un control periódico revelase un componente fallado. Los controles periódicos carecen de valor si un componente fallado no se puede cambiar o reparar inmediatamente. Debe haber un componente listo para instalarse, ya con los parámetros configurados, de tal forma de evitar atrasos innecesarios. Una tendencia común en los negocios es enfocar la atención hacia los procesos de instalación y a los sistemas de control y menospreciar la inversión en material de apoyo e infraestructura para mantener dichos sistemas en excelentes condiciones de operación. Los sistemas diseñados para alta fiabilidad tienen necesidades especiales y esta es una de aquellas.

Métodos de pruebas de control

El método más directo para probar un sistema crítico es estimularlo hasta los límites de su rango de operación y observar su reacción. Para el caso de un transmisor de proceso, esta suerte de prueba toma la forma de chequeo de calibración de rango total. Para un controlador, la prueba de control podría consistir en hacer que todas las señales de entrada adquieran valores en todo sus respectivos rangos y en todas las combinaciones para chequear la(s) respuesta(s). En el caso de un elemento final de control (tal como una válvula de control) se requiere la acción completa del instrumento (usar toda la carrera), acoplado a dispositivos de verificación de fugas para asegurar que el elemento tiene el efecto deseado en el proceso.

Un desafío inherente de las pruebas de control es cómo realizar las pruebas de control sin interrumpir el proceso en que participa el elemento bajo verificación. Verificar el funcionamiento de un instrumento fuera de servicio es un tema más simple, pero hacerlo mientras está instalado en un sistema en operación es algo muy diferente ¿Cómo se puede manipular transmisores, controladores y elementos finales de control en la extensión de su rango de operación sin perturbar (en el mejor de los casos) o parar (caso peor) el proceso? Aunque todos los controles se pudiesen realizar en intervalos de tiempo en que el proceso se pueda detener, esto no serviría debido a que no serían tan realísticos como lo sería con las valores típicos de presión y temperatura que manifiesta normalmente el proceso en operación. La realización de controles de componentes durante las condiciones reales de trabajo es la forma más confiable de verificar el estado de funcionamiento de los componentes.

Una forma de verificar instrumentos críticos con un mínimo de impacto en la operación continuada de un proceso es realizar pruebas de solamente algunos componentes, no de todos. Por ejemplo, es relativamente simple sacar de servicio a un transmisor para chequear su respuesta a un estímulo: simplemente coloque el controlador en modo manual y deje a un operador humano que controle manualmente el proceso mientras que un técnico en instrumentación pruebe el transmisor. Aunque esta estrategia no abarque todo el sistema, al menos verificar el funcionamiento de algunos de los instrumentos es mejor que no probar ninguno.

Otro método de verificación se denomina *test to shutdown*:

escoja un momento en que el personal de operaciones planee de todas formas detener el proceso, entonces utilice ese tiempo como una oportunidad para verificar los componentes más críticos que necesita el sistema para mantenerse funcionando. Este método es muy realístico a la vez que no sufre de gastos relacionados con paradas de proceso innecesarias.

Otro método de verificación en instrumentación crítica, es acelerar la velocidad de los estímulos de prueba de tal forma que los elementos de control no reaccionen haciendo detener el proceso, pero que al menos demuestre la respuesta de todos (o casi todos) los elementos bajo prueba. La industria de energía nuclear algunas veces utiliza esta técnica de verificación aplicando señales de pulso a gran velocidad para apagar sensores en forma segura y de esta forma evaluar el funcionamiento de la lógica de apagado. El control consiste en inyectar señales de pulso de corta duración a nivel de sensor, entonces se monitorea la salida de la lógica de apagado para asegurar que los pulsos de señal sean efectivamente enviados a los dispositivos de apagado. Varias industrias químicas y petroleras aplican técnicas similares en válvulas de seguridad *partial stroke testing*, a las que se les comanda para que circulen solamente por parte de su recorrido: esto permite verificar que la válvula es capaz de realizar el movimiento adecuado sin cerrarse (o abrirse dependiendo de la función de la válvula) lo suficiente para detener el proceso.

Los sistemas redundantes representan beneficios únicos y desafíos para la verificación de componentes. El beneficio de un sistema redundante en este sentido es que un componente redundante puede ser sacado de servicio para verificaciones de funcionamiento sin necesidad de que el personal de operaciones tenga que efectuar ninguna operación complicada. En contraste con los sistemas simples en los que la extracción de un instrumento requiere que un operador humano manualmente tome el control durante la realización de las pruebas, los elementos de respaldo de un sistema redundante tomarían este rol en forma automática, en teoría facilitando la toma de la prueba. Sin embargo, el desafío al hacer esto reside en el hecho de que la porción del sistema responsable por garantizar la transición suave en el evento de una falla es también un componente susceptible de falla. La única forma de probar este componente es deshabilitar uno o dos componentes redundantes y esperar a ver si el sistema es capaz de hacer que los componentes redundantes restantes comiencen a funcionar reemplazando al componente deshabilitado. Por lo tanto, la verificación de un sistema redundante no representa riesgo alguno si todos los componentes del sistema están bien, pero arriesga detención del proceso si ocurriera una falla no detectada.

Volvamos al sistema con tres transmisores para explorar estos conceptos. Suponga que deseamos realizar una verificación del transmisor de nivel basado en presión. Como es uno de tres transmisores presentes midiendo nivel de líquido en el recipiente, debiésemos ser capaces de sacarlo de servicio sin que medie preparación alguna (a no ser el aviso previo al personal de operaciones sobre las potenciales consecuencias de la verificación) puesto que la función del selector debiese deshabilitar este transmisor y continuar midiendo por medio de los restantes transmisores. Si la verificación fuese exitosa, se prueba, no solamente que el transmisor funciona sino que también la función de selección realiza su tarea de reemplazar el transmisor en verificación mientras haya sido extraído. Sin embargo, si la función de selección fallare en el momento en que fuese deshabilitado el transmisor para prueba, la señal de nivel de proceso podría registrar un valor falso en vez de conmutar hacia las señales de los dos transmisores restantes. Esto podría detener el proceso, especialmente si la señal de nivel fuese a un lazo de control o hacia un sistema de apagado de emergencia. Para evitar esto se podría haber usado el modo manual e involucrar al personal de operaciones en esto, actuando como si el sistema no fuese redundante. Al hacer esto, no habremos probado la redundancia del sistema, puesto que al poner el sistema en modo manual antes de la verificación se deshabilita la lógica de redundancia y no se podrían evaluar las consecuencias de una falla real.

La realización de controles periódicos es una actividad esencial para obtener la fiabilidad óptima en cualquier sistema crítico. Sin embargo, en cada situación de verificación se debe elegir entre probar el componente al máximo, en los rangos de operación normales y arriesgarse a una detención del proceso; o realizar una prueba menos abarcadora que tenga asociado un riesgo menor de perturbación sobre el proceso. En la gran mayoría de los casos, se elige la última opción debido a que se prefiere evitar los costos de la perturbación sobre el proceso. El desafío como profesional de instrumentación es formular pruebas que sean tan abarcadoras como sea posible y lo menos perturbadoras posible sobre el proceso que estamos tratando de regular.

Autodiagnóstico de los instrumentos

Una de las grandes ventajas de la tecnología digital electrónica en la instrumentación industrial es la inclusión de auto-diagnósticos en los instrumentos de campo. Un instrumento inteligente que tenga su propio microprocesador puede ser programado para detectar ciertas condiciones que anuncian fallos y otros problemas para que después se puedan avisar al sistema de control de que algo anda mal. Aunque el autodiagnóstico nunca podrá ser perfectamente efectivo debido a que podrían haber casos que no pueden ser detectados y también podrían haber falsos positivos (declaración de una falla cuando en realidad no la haya), el estado actual de la tecnología es considerable mejor que en los días de la tecnología analógica cuando los instrumentos tenían poca o ninguna capacidad de autodiagnóstico.

Los instrumentos de campo digitales son capaces de enviar mensajes de error de autodiagnóstico hacia los sistemas *host* a través de las mismas redes *fieldbus* que usan para entregar los datos de proceso. Los instrumentos FOUNDATION Fieldbus, en particular, pueden entregar

Tabla 1.5: Recomendaciones NAMUR para la señalización 4-20 mA (NE-43)

Nivel de señal	Condición de fallo
Output $\leq$ 3.6 mA	Transductor del sensor
Output $\leq$ 3.6 mA	falló en nivel bajo
3.6 mA $<$ Output $<$ 3.8 mA	Transductor del sensor
3.6 mA $<$ Output $<$ 3.8 mA	Fallo (detectado) en bajo
3.8 mA $\leq$ Output $<$ 4.0 mA	Bajo rango de medición
21.0 $>$ Output $\geq$ 20.5 mA	Sobre-rando de medición
Output $\geq$ 21.0 mA	Transductor falló en alto

reportes de error detallados que incluyen una variable de *status*:estado asociada a cada señal de proceso que se propaga a través de todos los bloques responsables de controlar el proceso. Las fallas detectadas se comunican eficientemente a través de una cadena de información en un sistema en el cual todos los instrumentos son totalmente digitales.

Otros tipos de instrumentos menos sofisticados que solo pueden trabajar con señalización analógica (4-20 mA DC) también pueden entregar información sobre errores, pero no lo pueden hacer en forma tan abarcadora ni con la misma rapidez que los instrumentos totalmente digitales. Las recomendaciones NAMUR para la señalización 4-20 mA (NE-43) proporcionan una forma para hacer esto (Tab. 1.5).

La interpretación apropiada de estos rangos especiales de corriente, claramente, necesita un receptor capaz de medir en forma precisa la corriente fuera del rango de 4-20mA. Muchos sistemas de control con entradas analógicas están programados para reconocer los niveles de corriente que indican error y que están normados por NAMUR.

Un desafío para cualquier sistema de autodiagnóstico es el como chequear las faltas que pueden ocurrir en el cerebro del sistema: el microprocesador. Si ocurriese una falla dentro del microprocesador de un instrumento inteligente (es el componente responsable de ejecutar las funciones lógicas relacionadas con las pruebas de auto-diagnóstico) ¿cómo se podría detectar una falla en la lógica? La pregunta es un poco filosófica, es equivalente a determinar si un neurólogo es capaz de diagnosticar sus propios problemas neurológicos.

Una forma simple de detección de fallas en un sistema de microprocesador se conoce como *watchdog timer*. El principio trabaja así: el microprocesador está programado para emitir constantemente una señal de pulso de baja frecuencia y dispone de un circuito externo que verifica que la señal de pulso no se interrumpa. Si el microprocesador fallara en cualquier forma, la señal de pulsos se saltaría algunos pulsos o se detendría en el estado alto o el bajo, esto revelaría una falla en el microprocesador al circuito *watchdog*

Se podría construir un circuito de *watchdog* usando un par de temporizadores de estado sólido conectados a la salida del pulso en el microprocesador (Fig. 1.20).

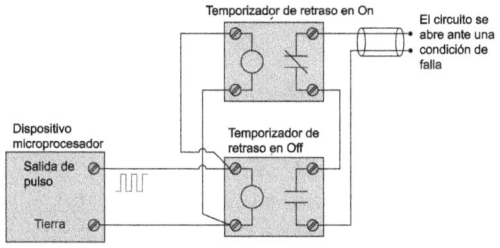

Figura 1.20: Circuito *watchdog*

Los dos temporizadores reciben el mismo tren de pulsos desde el microprocesador debido a que sus entradas están en paralelo con respecto a la salida desde el microprocesador. El temporizador de demora en Off actúa inmediatamente cuando reciba una señal el nivel alto y comenzará a contar cuando la señal baje. El temporizador de atraso en On comenzará a contar cuando la señal esté en nivel alto, pero inmediatamente se desactivará una vez que el tren de pulsos baje. Mientras que las configuraciones de temporización de atraso en On y en Off sean mayores que la duración del pulso *watchdog* en On y en Off, respectivamente, no se abrirá ningún contacto y se considera que el patrón de la señal de *watchdog* es la correcta.

Cuando el microprocesador se comporte en forma normal emitiendo un tren de pulsos regular, los contactos del temporizador en OFF permanecerán en su estado cerrado porque se mantiene energizado con cada señal en alto y nunca tendrá tiempo de bajar durante una señal en bajo. Igualmente, los contactos del temporizador en On permanecerán en sus estado normalmente cerrado porque nunca tendrá tiempo de elevarse durante cada ciclo positivo del tren de pulsos antes de desactivarse con cada ciclo negativo. Por lo tanto, los contactos de ambos *relays* de temporización estarán en estado cerrado cuando todo esté bien.

Sin embargo, si el tren de pulsos emitido por la salida del procesador se congelara en uno de los estados (bajo o alto), el temporizador de demora en OFF se desactivará haciendo que se abran los contactos para avisar de la falla. Inversamente, si el tren de pulsos del microprocesador se congelara en el nivel alto (o si se saltara un pulso), el temporizador de demora en ON actuaría, abriendo sus contactos para indicar una falla. Ambos *relays* de temporización abrirían sus contactos para indicar una interrupción o cese de la señalización de pulso de *watchdog*, lo que indicaría una falla seria en el microprocesador.

1.4 Seguridad instrumentada

Una función de seguridad instrumentada *Safety Instrumented Function* es uno o más componentes diseñados para ejecutar una tarea específica relacionada con la seguridad ante la ocurrencia de una condición específica de peligro. El switch que se instala dentro los secadores de ropa o de los calentadores de agua para apagar el equipo en caso de recalentamiento es un ejemplo doméstico simple de un SIF, el cual apaga la fuente de energía que alimenta al dispositivo ante la ocurrencia de un condición de recalentamiento. Las funciones de seguridad instrumentada también se denominan *Instrument Protective Functions*, o *IPF*s.

Un sistema de seguridad instrumentada *Safety Instrumented System*, o *SIS*, es un conjunto de SIFs diseñados para que hacer que el proceso industrial alcance una condición segura ante la ocurrencia de una de varias condiciones peligrosas detectadas. También se conocen como sistemas de apagado de emergencia *Emergency Shutdown* (ESD) o sistemas de instrumentos de protección *Protective Instrument Systems* (PIS), estos sistemas sirven como una capa de protección ante daños en el equipamiento del proceso, impacto ambiental adverso y/o vandalismo que exceda la protección normalmente ofrecida por un sistema de control de la operación regular del proceso.

Algunas industrias, tales como las de procesamiento químico y las de energía nuclear, han empleado extensivamente y por décadas sistemas de seguridad instrumentada. Igualmente los controles de apagado automático han sido una norma en las calderas y los hornos de combustión por años. El incremento en la capacidad de la instrumentación moderna, junto con la constatación de los terribles efectos que pueden causar los desastres industriales han impulsado a la seguridad instrumentada a nuevos niveles de sofisticación y a nuevos campos de aplicación. El propósito de esta sección es explorar algunos de los conceptos de los sistemas de seguridad instrumentada más comunes, así como de algunas aplicaciones industriales específicas.

Uno de los desafíos inherentes a los diseños de seguridad instrumentada es balancear el objetivo de máxima seguridad y el objetivo de máxima economía. Si una planta de fabricación industrial estuviese equipada con suficientes sensores y con una capa de sistemas de apagado de seguridad para que se evite cualquier condición insegura, habría

una plaga de eventos de alarmas falsas y de activaciones
innecesarias de circuitos de protección por lo que los
sistemas de seguridad actuarían de una forma perjudicial
a la operación rentable de la planta. En otras palabras,
un sistema de proceso diseñado para tener un énfasis
en el apagado automático probablemente se apagará más
frecuentemente que lo necesario. Aunque evitar condiciones
de proceso inseguras es un objetivo noble, no puede obtenerse
a expensas de la rentabilidad de la operación, en este caso
no habría razones para tener en operaciones esta planta.
Un sistema de seguridad debe proporcionar fiabilidad en su
función de seguridad, pero no a expensas de minimizar la
disponibilidad operacional del proceso.

Para ilustrar la tensión existente entre fiabilidad y
disponibilidad en un sistema de seguridad, podemos analizar
una válvula de liberación de doble bloqueo *double-block
shutoff valve* en un oleoducto de petróleo (Fig. 1.21).

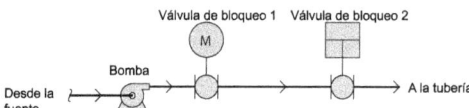

Figura 1.21: Análisis de una válvula de liberación de doble
bloqueo

La función de seguridad de estas válvulas es cortar el flujo
de petróleo originado desde la fuente y que se dirige hacia
la tubería, en el caso de que la tubería sufra una filtración
o rotura. Al tener dos válvulas en serie se tiene una capa
adicional de seguridad ya que basta que una válvula efectúe
el corte de flujo para cumplir con la función de seguridad
(fiabilidad). Note que se usan tecnologías diferentes en los
actuadores de las válvulas: uno eléctrico (motor) y otro un
pistón (actuando de forma neumática o hidráulica). Esta
diversidad de tecnologías de actuadores ayuda a evitar las
causas comunes de fallas y también contribuye a asegurar

que las válvulas no puedan fallar simultáneamente debido a una misma causa.

Sin embargo, la operación típica de la tubería hace necesario abrir ambas válvulas para que el petróleo fluya. La presencia de dos válvulas de bloqueo, puede incrementar la seguridad pero disminuye la disponibilidad operacional de la tubería. Si una de las dos válvulas de bloqueo fallara cerrándose cuando debiese abrir, la tubería no recibiría el petróleo sin causa justificada.

Una forma de evaluar la fiabilidad y la disponibilidad de los sistemas redundantes es etiquetar el sistema según la cantidad de elementos redundantes que tienen que funcionar bien para alcanzar el resultado apropiado. En el ejemplo de las dos válvulas el resultado apropiado es que se corte el fluido en caso de una fuga o rotura, así el sistema se etiqueta como *uno de dos (1oo2) redundante para fiabilidad segura.* En otras palabras, solamente una de las dos válvulas redundantes deben funcionar bien (cortar flujo) para la tubería esté en condición segura. Si el resultado que se buscara fuese permitir caudal hacia la tubería cuando se sepa que la tubería no tiene fugas, podríamos decir que el sistema es *dos de dos (2oo2) redundante para disponibilidad operacional.* Esto significa que ambas válvulas de bloqueo tienen que funcionar correctamente (abiertas) para permitir que el fluido llegue a la tubería.

Esta relación numérica que muestra la cantidad de elementos esenciales v.s. la cantidad de elementos totales frecuentemente se de denomina *MooN* ("*M* out of *N*") o *NooM* ("*N* out of *M*").

Un método complementario para cuantificar la fiabilidad y la disponibilidad de los sistemas redundantes es etiquetar en términos de cuántas fallas de elementos puede soportar el sistema mientras mantiene el resultado deseado. Para el conjunto de válvulas de bloqueo dobles en serie, la función de seguridad (*shutdown*) tienen una tolerancia a fallos de 1, porque aunque una de las válvulas falle en el intento de cortar el flujo, la otra será suficiente por sí misma para garantizar el corte de flujo de petróleo hacia la tubería. Por otro lado, la disponibilidad operacional del sistema tiene una tolerancia a fallos de 0. Ambas válvulas deben efectivamente dejar pasar el fluido cuando se quiera permitir caudal hacia la tubería.

Es evidente que el conjunto serie de las válvulas de bloqueo enfatizan la seguridad (la habilidad para cortar el flujo hacia la tubería) a expensas de la disponibilidad (la habilidad para permitir el flujo hacia la tubería). Comparemos este sistema con el esquema de válvulas de bloqueo en paralelo que sigue (Fig. 1.22).

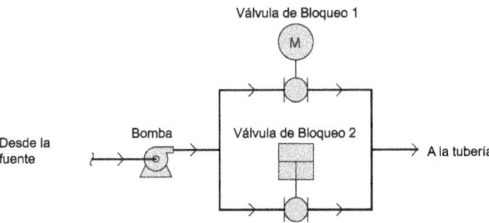

Figura 1.22: Esquema de válvulas de bloqueo en paralelo

En este sistema, la función de redundancia de seguridad (fiabilidad) es de tipo 2oo2, puesto que ambas válvulas debiesen ser capaces de cortar el flujo para conseguir que la tubería esté en condición segura frente a una fuga que se detecte en la tubería. Sin embargo, la disponibilidad operacional es de 1oo2, porque basta que solo una de las dos válvulas esté operativa para permitir el flujo a través de la tubería. Así, una disposición en paralelo de válvulas de bloqueo enfatiza la disponibilidad (la habilidad para permitir el fluido a través de la tubería) a expensas de la seguridad (la habilidad para cortar el caudal en la tubería).

Otra forma de expresar el comportamiento redundante de las válvulas en paralelo es decir que la función de seguridad fiabilidad tiene una tolerancia a fallos de 0, mientras que la función de disponibilidad operacional tiene una tolerancia a fallos de 1.

Una forma de incrementar la tolerancia a fallos de en un sistema redundante es aumentar la cantidad de componentes redundantes en un esquema de mayor complejidad. Considere el esquema de cuatro válvulas de bloqueo siguiente, que está diseñado para cumplir con la misma función en una tubería de petróleo (Fig. 1.23).

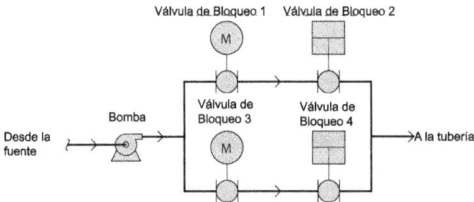

Figura 1.23: Esquema de cuatro válvulas de bloqueo

Para cumplir la función de seguridad de cortar el caudal de petróleo hacía la tubería, ambas derivaciones de tubería deben estar cerradas simultáneamente. A primera vista, esto parece ser una redundancia 2oo4, porque habría que cortar una válvula de cada sección de tubería en paralelo, lo que hace un total de dos válvulas de un total de cuatro. Sin embargo, considere que no podemos darnos el lujo de asumir que las fallas sean ideales. Es posible que la doble falla no afectara a válvulas en cada brazo sino a que a las dos válvulas de un solo brazo, lo que significa que no hay garantías de que dos válvulas sean capaces de mantener la condición de seguridad en la tubería. Así, este sistema redundante es de 3 de 4, (3oo4) (tiene una seguridad de tolerancia a fallos de uno) porque es necesario que al menos tres de las cuatro válvulas de bloqueo estén funcionando bien para garantizar una condición de tubería segura.

Analizando este esquema cuádruple desde el punto de vista de la disponibilidad operacional, e puede observar que es necesario que al menos tres de las cuatro válvulas funcionen bien al abrir para garantizar el caudal que se dirige hacia

la tubería. Puede parecer al principio que bastaría que dos
de las cuatro válvulas funcionasen bien al abrir para que
se pueda establecer el caudal hacia la tubería, pero esto
podría no ser suficiente si las dos válvulas estuviesen en
dos brazos paralelos. Por lo tanto, este sistema manifiesta
una redundancia de tres de cuatro 3oo4 con respecto a
la disponibilidad operacional (tiene una falla de tolerancia
operacional de uno).

1.4.1 Sensores SIS

Una de las formas más simples en que un sensor pueda ayudar
a la función de seguridad instrumentada es el switch de
proceso. Como ejemplo de switches de proceso se tienen los
switches de temperatura, de presión, de nivel y de caudal. Los
sensores SIS deben estar bien calibrados y bien configurados
para que puedan indicar una condición de peligrosidad.
Deben estar separados de los sensores que se usan en lazos
de control y deben ser distintos de estos últimos para que se
pueda tener un nivel de protección de seguridad superior al
que entrega un sistema de control de proceso básico.

Por ejemplo en un secador de ropas o un calefactor de
agua   domésticos   los   switches
de apagado por sobrecalentamiento están separados y son
distintos a los que se usan para mantener la temperatura
cerca del setpoint. Los primeros deben dispararse solamente
en respuesta a un evento de alta temperatura. Esto es, los
switch de seguridad de sobrecalentamiento debiesen alcanzar
su límite de sobrecalentamiento solamente si el sistema de
control de temperatura normal fallare al hacer su tarea de
regular la temperatura dentro de valores normales.

Una tendencia moderna en sistemas de seguridad
instrumentada es usar transmisores continuos de proceso en
vez de switches discretos de proceso para detectar condiciones
de proceso peligrosas. Cualquier transmisor de proceso
- analógico o digital - puede ser usado como sensor de
desconexión si su señal se comparase con el valor de disparo

límite *trip point* de un *relay* de comparación o una función de bloque (DCS). La función de comparación proporciona una salida discreta (ON-OFF) basada en el valor relativo de la señal del transmisor con respecto al *trip point*.

Se muestra un ejemplo de un transmisor continuo usado como alarma discreta y dispositivo de disparo *trip device*, donde los comparadores analógicos generan señales discretas *trip* o *alarm* basadas en el valor de nivel de líquido en el recipiente. Note la necesidad que se tiene de dos switches de nivel en otro lado del recipiente para realizar en duplicado las mismas funciones de *trip* y *alarm* (Fig. 1.24).

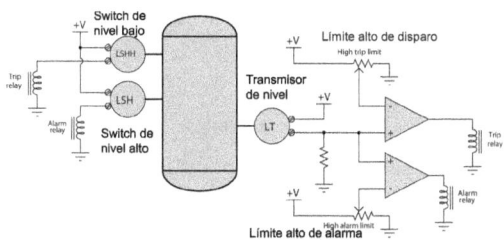

Figura 1.24: Ejemplo de un transmisor continuo usado como alarma discreta y dispositivo de disparo *trip*

Cuando se usa un transmisor inteligente en lugar de switches discretos se tiene la habilidad de cambiar fácilmente los valores *trip* o *alarm*, además de una mejor capacidad de diagnóstico. El último punto puede no ser tan obvio como el primero y merece una explicación. La salida de un transmisor continuo es una señal que cambia de acuerdo al valor de la variable de proceso que se está midiendo. Un transmisor *saludable* manifestará un señal de salida continuamente cambiante en el tiempo, proporcional al grado de cambio del proceso. Los switches discretos, en contraste no proporcionarán este tipo de indicación *saludable*. La única vez que un switch de proceso cambiaría su estado es cuando su límite *trip* sea alcanzado, lo que en el caso de un sensor de seguridad de *shutdown* es indicativo de una condición rara y peligrosa. Aunque un switch de proceso responda apropiadamente a condiciones normales de la variable de proceso, podría fallar en el momento en que deba indicar valores peligrosos de la variable de proceso, con la dificultad adicional de que no hay forma de predecir este comportamiento a partir de la observación de su estado de funcionamiento previo, el cual se caracteriza por ser fijo. Por otro lado, la salida variable de un transmisor de proceso se puede usar como un indicador del funcionamiento apropiado.

Cuando la función fiabilidad de la seguridad instrumentada sea muy importante se podrían instalar transmisores redundantes, con lo cual se obtendría una fiabilidad adicional. La siguiente foto muestra una tripleta de transmisores redundantes midiendo caudal de líquido a través del sensado de presión diferencial que cae a través de una placa de orificio (Fig. 1.25).

Una sola placa de orificio experimenta la caída de presión que es sensada simultánea y en paralelo por los tres transmisores: la forma de conexión de cada transmisor a los puertos *high* y *low* es la misma: usando tubos de impulso. Los transmisores de la foto son del tipo FOUNDATION Fieldbus. El cable amarillo destinado a pasar por la bandeja amarilla de instrumentación (ITC) se usa para conectar cada transmisor a un dispositivo de acoplamiento de segmento como se puede ver en la foto.

Al usar transmisores redundantes el sistema está en posición de determinar por si mismo cual es el valor real de la variable de proceso en el caso de que uno o más transmisores redundantes difieran del resto. Esta función se denomina *voting* y se puede implementar usando funciones de selección.

Existen varios criterios de selección que pueden ser implementados con módulos de votación *voting*, incluyendo *high, low, average* y *mediana*. Un mecanismo de votación en alto puede ser adecuado para aplicaciones en las que la condición peligrosa sea un valor medido grande, el módulo de votación seleccionará el valor mayor de la señal de salida del transmisor, con esto se favorece la seguridad. Este

Figura 1.25: Tripleta de transmisores redundantes midiendo caudal de líquido

comportamiento es de tipo redundancia de seguridad 1oo3 (debido a que basta que solamente uno de tres transmisores manifieste un valor más alto que el mayor nivel *trip* para que se inicie el apagado *shutdown*. Un mecanismo de votación en bajo podría usarse para cualquier aplicación en la que la condición peligrosa sea un valor medido pequeño (en este caso también se proporciona una redundancia de seguridad de 1oo3).

La función de selección promedio *average* simplemente calcula y emite el promedio matemático de las señales de todos los transmisores. Es un estrategia propensa a problemas si uno de los transmisores redundantes fallare en la dirección segura, haciendo con esto que el valor promedio

se aleje de la condición peligrosa y posiblemente haciendo
que el sistema retrase su reacción a las condiciones peligrosas
cuando estas ocurran.

El criterio de selección *mediana* es muy útil en los sistemas
de seguridad porque ignora cualquier medición que se desvíe
significativamente del resto. Las funciones de selección
del tipo mediana pueden ser implementadas en bloques de
selección en alto o en bajo, en cualquiera de las dos maneras
siguientes (Fig. 1.26).

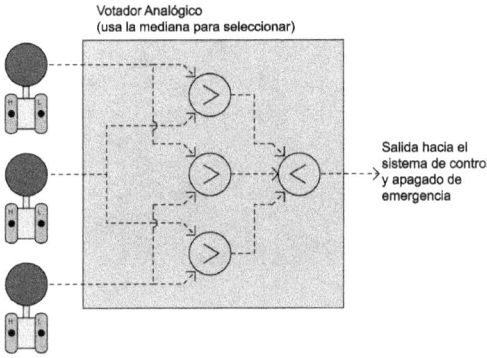

Figura 1.26: Criterio de selección *mediana* en sistemas de
seguridad

La mejor forma de entender las características selectivas
de las redes es imaginar las combinaciones posibles de los
valores de los transmisores y luego seguir la red hasta obtener
la salida. En cualquier caso el resultado deberá ser el mismo:
el valor de la mediana.

Los tres transmisores filtrados con una función de
selección mediana proporcionan una redundancia de
seguridad 2oo3, puesto que solamente un transmisor que
registre un valor que esté más alto que el punto *trip* sería
ignorado por la función de votación. Es necesario que dos o
más transmisores tengan valores más altos que el punto *trip*
para iniciar un apagado.

1.4.2 Controladores SIS (resolvedores lógicos) *logic solvers*

El hardware de control para las funciones de seguridad instrumentada debiese estar separado del hardware de control que se use para regular el proceso, aunque sólo sea porque la única función de las funciones de seguridad instrumentada es conseguir que el sistema alcance un estado seguro en el evento de que ocurra una condición peligrosa, lo que incluye fallas peligrosas de los controles de básicos de regulación. Si una simple pieza de hardware de control estuviese en la doble tarea de regulación y *shutdown*, al fallar se perderá la regulación (control normal) y esta no podría estar protegida porque la función de seguridad estará inhabilitada por la misma falla.

Normalmente los controles de seguridad son discretos con respecto a sus señales de salida. Cuando un proceso necesita ser apagado por razones de seguridad, usualmente se implementa una secuencia de apertura o cierre de ciertas válvulas, las aperturas y/o cierres con mayor frecuencia son totales en lugar de parciales. Un controlador digital que se dedique a la ejecución de funciones de seguridad instrumentada se denomina *logic solver* o *safety PLC* en reconocimiento a la naturaleza discreta de sus salidas. Estos dispositivos son diseñados especialmente para la seguridad instrumentada.

Se muestra un foto de un *safey PLC* usado como SIS en una unidad de una refinería de aceite, el controlador es un Siemens *Quadlog* (Fig. 1.27).

Aunque los resolvedores lógicos normalmente están diseñados con niveles de auto-diagnóstico y redundancia interna en forma más importante que en un PLC normal, su programación es casi la misma. Los lenguajes de programación gráficos más comunes son los diagramas en escalera (*Ladder Diagram LD*) y los diagramas de bloques de función (*Function Block Diagram FBD*). Estos dos lenguajes son muy limitados a solo algunos conjuntos de

Figura 1.27: Foto de un *safey PLC* usado como SIS en una refinería de aceite

algoritmos bien definidos, a diferencia de los lenguajes de programación basados en texto que permiten al programador humano mucha mayor libertad al determinar qué será hecho y cómo. La justificación para programar los resolvedores lógicos usando lenguajes tan limitados, es la seguridad: mientras más flexible y menos encerrado sea un lenguaje de programación, más propenso será a errores de corrida *run-time errors* complicados que son muy difíciles de corregir. El estándar ISA de seguridad número 84 clasifica los lenguajes de programación industrial según sean: *Fixed Programming Languages* (FPL), *Limited Variability Languages* (LVL), o *Full Variability Languages* (FVL). Los diagramas en escalera

Ladder y los de bloques de función se consideran lenguajes de variabilidad limitada, mientras que los de lista de instrucciones (y los lenguajes tradicionales de programación de computadores, tales como C/C++, Basic, Pascal y otros) se consideran como lenguajes de variabilidad total. Estos últimos presentan gran propensión hacia errores complejos.

1.4.3 Elementos Finales de Control SIS

Cuando el transmisor de proceso (o los switches de proceso) detecta una condición peligrosa en un proceso volátil, dispara una respuesta de *shutdown* usando el resolvedor lógico. Esta respuesta debe ser finalmente acatada por un elemento final de control en una forma decisiva y rápida. Las respuesta de este tipo pueden ser implementadas usando válvulas de control de regulación normal (como las de tipo globo o las de garganta) pero en el caso de aplicaciones más críticas es más conveniente usar válvulas tipo bola rotatoria o *plug*. Si la válvula en cuestión se usa exclusivamente en propósitos de desconexión por seguridad y no para regulación, normalmente se denomina válvula *chopper* por su habilidad para cortar el caudal en forma rápida y segura. Un término más formal es *Emergency Isolation Valve* o *EIV*.

Algunas aplicaciones de proceso pueden tolerar la sobrecarga de las funciones de seguridad y de control de una válvula sola, usándola para regular el caudal durante la operación normal y el accionamiento total (apertura o cierre) durante una condición de desconexión. Para alcanzar esta función doble se utiliza un método común de instalar un válvula de solenoide en línea con la línea de presión de aire que normalmente hace mover la válvula (neumática claro está), de tal forma que la señal de accionamiento normal dirigida hacia la válvula neumática pueda ser interrumpida en cualquier momento haciendo que la válvula se posicione en la condición *fail-save*. Esta interrupción debe estar comandada por una señal discreta de *trip*.

Se muestra un solenoide encargado de cumplir con el *trip* llamado a veces como *dump solenoid* (debido a que libera totalmente *dump* el aire almacenado bajo presión hacia el mecanismo actuador). Está conectado a una válvula de control del tipo *fail-closed o air-to-open* (Fig. 1.28).

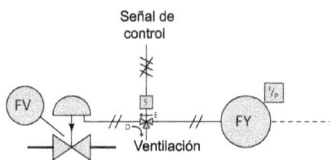

Figura 1.28: Foto de un *dump* solenoide

Cuando el solenoide está energizado, el aire comprimido pasa a través de la válvula de solenoide desde el transductor I/P y hacia el actuador neumático de la válvula, la letra E en el diagrama muestra este camino. Cuando el solenoide está des-energizado (letra D en el diagrama), la válvula de solenoide bloquea el aire presurizado que procede desde el transductor I/P y lo ventila (expele) hacia la atmósfera. Como resultado, la presión que ejercía este aire sobre el diafragma de la válvula neumática para mantenerla abierta, desaparece y la válvula se cierra, debido a que es del tipo fail-closed.

Si hubiésemos requerido que la válvula actuadora se abriese ante un comando, se podría haber usado exactamente el mismo esquema de solenoide y dispositivos neumáticos pero cambiando la válvula de control del tipo fail-closed a otra de tipo fail-open. Cuando el solenoide esté energizado dejaría pasar el aire presurizado desde el transductor I/P hacia el actuador de la válvula para que se cumpla el propósito de regulación. Cuando esté desenergizado, el solenoide forzaría a la válvula a estar en la posición de completamente abierto.

Existen aplicaciones para las cuales es más seguro que se logre un bloqueo de la válvula de control en la última posición que forzar una posición de completamente abierta o completamente cerrada, para estos casos debiésemos elegir un solenoide de una forma diferente (Fig. 1.29).

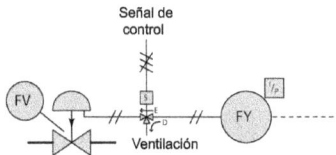

Figura 1.29: Bloqueo de válvula en la última posición alcanzada

Aquí, la desenergización de la válvula de solenoide hace que la salida de aire presurizado del transductor I/P sea ventilada, a la vez que se mantenga atrapado todo el aire presurizado dentro del actuador de la válvula neumática con lo que se consigue mantener la posición que tenía esta última en el momento del disparo *trip point*. Este sistema fuerza a que la válvula mantenga su posición independientemente del tipo de estado seguro que soporte la válvula, claramente que no puede haber fugas de aire en ningún punto del actuador, las tuberías o solenoide que pueda permitir que la presión de aire disminuya mientras no se vuelva a energizar el solenoide.

Se muestra un ejemplo de un solenoide de *trip* instalado en una válvula de control. Esta última dispone de una rueda manual *hand jack wheel* instalada en el mecanismo actuador que le permite a un operador humano alterar la posición de la válvula en forma manual hasta que se pueda abrir (o cerrar) en forma total (Fig. 1.30).

De todos los sistemas de seguridad instrumentada (SIS), los elementos finales de control (válvulas) son generalmente las menos fiables, por lo que son las que más contribuyen con la probabilidad de falla del sistema *on demand PFD*. Generalmente los sensores siguen en segundo lugar de contribución a la no fiabilidad, los *logic solvers* en un tercer y distante puesto. Mediante la creación de redes de válvulas se puede implementar redundancia en los elementos de control

Figura 1.30: Solenoide *trip* instalado en una válvula de control

en los que la falla de una válvula no cause una falla total del sistema. Desafortunadamente, esta aproximación a la solución del problema es extraordinariamente cara, ya que las válvulas son muy costosas en términos de capital y mantenimiento cuando se comparan con los sensores SIS y los *logic solvers*.

Una forma menos cara de implementar redundancia para aumentar la fiabilidad de una válvula de seguridad consiste en realizar pruebas de control durante la operación de la misma. Esto se conoce como *partial stroke testing*. En vez de probar la válvula en toda su carrera, lo que causaría una interrupción en las operaciones normales del proceso, se hace comandar la válvula durante una fracción del recorrido total: si la válvula responde bien a esta prueba *partial stroke* habrá una probabilidad alta de que sea capaz de moverse en toda su carrera, así se habrá cumplido el requerimiento de realizar una prueba de desempeño si que se haya tenido que parar el proceso.

1.4.4 Niveles de Integridad de Seguridad

Se puede usar una escala numérica simple graduada desde 1 hasta 4 para expresar un *ranking* de fiabilidad de funciones de seguridad instrumentada. En esta escala, 4 califica algo como extremadamente fiable y 1 se usa para calificar lo moderadamente fiable (Tab. 1.6).

El valor *Required Safety Availability (RSA)* indica la fiabilidad de una función de seguridad instrumentada cuando realiza su trabajo. Esta es la probabilidad de que SIF trabaje como sea necesario y cuando sea necesario. Inversamente, la probabilidad de fallo *on demand PFD* es el complemento matemático de RSA (PFD = 1 - RSA) y expresa la probabilidad de que el SIF falle al ser requerido que trabaje de la forma necesaria cuando sea necesario.

Los números SIL coinciden convenientemente con la mínima cantidad de nueves del valor de la disponibilidad de seguridad requerida *(Required Safety Availability (RSA)*

Tabla 1.6: *Ranking* de fiabilidad de funciones de seguridad instrumentada

SIL	Required Safety Availability (RSA)	Probability of Failure on Demand (PFD)
1	90% to 99%	0.1 to 0.01
2	99% to 99.9%	0.01 to 0.001
3	99.9% to 99.99%	0.001 to 0.0001
4	99.99% to 99.999%	0.0001 to 0.00001

value. Por ejemplo, una función de seguridad instrumentada con una Probabilidad de Fallo *on demand (PFD)* de 0.00073, tendrá un valor RSA de 99.927%, que es igual a la designación de SIL 3.

Es importante saber que las calificaciones SIL se refieren solamente a todas las Funciones de Seguridad Instrumentada y no a ningún dispositivo en específico ni a sistemas o procesos por entero. Por ejemplo, un sistema de protección de sobrepresión de un proceso de reactor químico con un SIL 2, tienen una probabilidad de fallo *on demand* de 0.01 y 0.001 de todos los componentes críticos de este sistema específico de desconexión, desde el (los) sensor(es) hasta el *logic solver*, hasta el elemento final de control, el recipiente en sí mismo, las válvulas de alivio y equipamiento auxiliar. Si se necesitara disminuir la probabilidad de que el reactor entre en sobrepresión, existe una variedad de opciones que se pueden implementar. Los instrumentos de seguridad podrían actualizarse, los mantenimientos preventivos podrían ser más frecuentes e incluso los equipos de proceso podrían ser reemplazados para hacer que un evento de sobrepresión sea menos probable.

Las calificaciones SIL no se aplican al proceso por entero. Es muy posible que el reactor químico mencionado con una sistema de protección de sobrepresión de SIL 3 pueda tener un sistema de protección de sobrecalentamiento de SIL 2, debido a las diferencias en el modo que los dos sistemas de seguridad funcionan.

A esta confusión se suma el hecho de que muchos fabricantes de instrumentos califican sus productos como aprobados para su uso en ciertas aplicaciones SIL-n. Es fácil pensar erróneamente que la función de seguridad instrumentada sea calificada con algún valor SIL simplemente debido a que se hayan usado instrumentos calificados para ese valor SIL. En realidad, el valor SIL para una función de seguridad se obtiene usando un proceso mucho más complejo. Es posible, por ejemplo, comprar e instalar transmisores calificados para aplicaciones SIL-2 y tener una función de seguridad como un todo menor que 99% fiable (PFD mayor que 0.01, o un nivel de SIL no mayor que 1).

Como sucede con muchos otros cálculos complejos en ingeniería de instrumentación, existen softwares con todas las fórmulas necesarias preprogramadas por ingenieros y técnicos que se pueden usar para calcular los niveles SIL de las funciones de seguridad instrumentada. Estas herramientas de software no solo influyen en las calificaciones de fiabilidad inherentes a los diferentes componentes de un sistema, sino que también permiten reajustar los calendarios de mantenimiento preventivo para que el usuario pueda priorizar apropiadamente las acciones requeridas para obtener un nivel dado de SIL.

1.4.5 Ejemplo SIS: sistema de manejo de quemador

El *Burner Management System* (o *BMS*) es un ejemplo clásico de un sistema industrial automatizado de apagado que está diseñado para monitorear la operación de un quemador de combustión y cortar la alimentación de combustible ante cualquier condición peligrosa. Estos sistemas también son conocidos como sistemas de seguridad de llama *flame safety systems*, los cuales vigilan condiciones potencialmente peligrosas como presión de combustible baja, presión de combustible alta y pérdida de llama. También se pueden incluir otras condiciones peligrosas relacionadas con un proceso de calentamiento tales como nivel de agua bajo en el caso de las calderas.

La acción de apago de seguridad de un sistema de manejo de quemador es detener el flujo de combustible, que normalmente se dirige hacia el quemador, cuando sea detectada una condición peligrosa. El elemento final de control es, por lo tanto, una o más válvulas *shutofff*, con la posible adición de una válvula de ventilación (venteo), para detener el flujo de combustible hacia el quemador.

En la foto se muestra un sensor de llama ultravioleta (Fig. 1.31).

Figura 1.31: Foto de un sensor de llama ultravioleta

Este sensor de llama solamente es sensible a la luz ultravioleta, no a la luz visible ni a la luz infrarroja. Este comportamiento es deseable para asegurar que el sensor no sea engañado por el brillo visible o infrarrojo de las superficies calientes del fogón (u horno) cuando la llama sobresalga en forma inesperada. El sensor actúa de verdad como detector de llama, no de calor, porque la luz ultravioleta solamente puede ser emitida por una llama alimentada por gas.

Se muestra uno de los modelos más populares de válvula *shutoff* para sistemas de manejo de quemadores para alimentación con gas en EEUU, fabricado por *Maxon* (Fig. 1.32).

Figura 1.32: Válvula *shutoff* para sistemas de manejo de quemadores alimentados con gas

Este modelo en particular de válvula *shutoff* posee una ventana a través de la cuál se puede observar un indicador metálico unido al mecanismo de la válvula (*Open* en rojo o *Shut* en negro), el cual indica con seguridad el estado mecánico de la válvula. Al igual que la mayor parte de las válvulas de *shutoff* de sistemas de quemadores, esta válvula tiene actuación eléctrica y se cerrará automáticamente debido a la tensión de un resorte en el caso de ocurrencia de una pérdida de energía eléctrica (Fig. 1.33).

Se muestra otra válvula de seguridad *shutoff*, fabricada por ITT. Vea (Fig. 1.33).

Una inspección cuidadosa de la placa de esta válvula de seguridad permite conocer algunos detalles importantes. Al igual que la válvula de seguridad *Maxon*, posee actuación eléctrica con una corriente de mantenimiento de 0.14 A y 120 Volts AC. Al interior de la válvula se encuentra un switch auxiliar que tienen la tarea de actuar cuando la válvula alcance en forma mecánica la posición de apertura total. Un switch adicional, etiquetado como *Valve Seal Overtravel Interlock* avisa con seguridad el arribo de la válvula a la

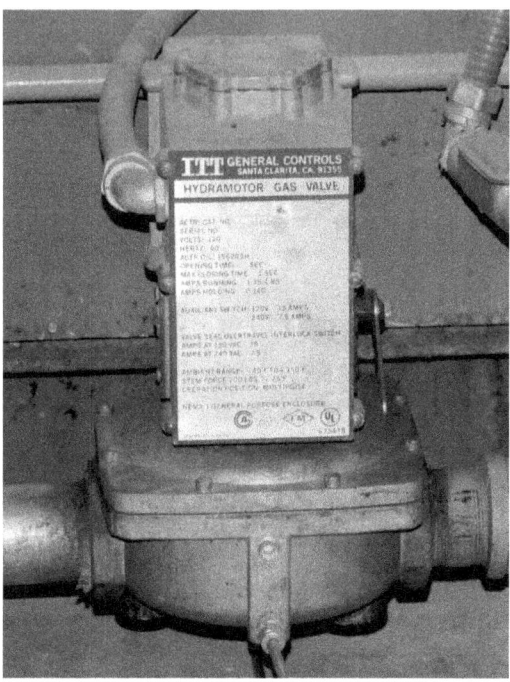

Figura 1.33: Válvula *shutoff* con ventana que indica con seguridad el estado mecánico de la válvula

posición *Shut.* Entonces, el switch de sellado de válvula sirve para generar una señal de prueba de estanqueidad *proof of closure* que se usa en los sistemas de manejo de quemadores en la verificación de una condición segura de corte de una línea de combustible. Los dos switches están calibrados para transportar 15 A de corriente a 120 Volt AC, es importante asegurar que cuando se diseñen los detalles eléctricos del sistema el switch no reciba mucha corriente.

Se muestra un diagrama de P&ID de un sistema de quemador de combustión a gas. Las instalaciones de tubos y las válvulas son las típicas de un quemador en solitario. Los sistemas que tengan varios quemadores están equipados frecuentemente con *manifolds* de vávulas de *shutoff* individuales y switches de límite de presión de combustible. Cuando haya varios en un mismo horno cada quemador deberá estar equipado con su propio sensor de llama (Fig. 1.34).

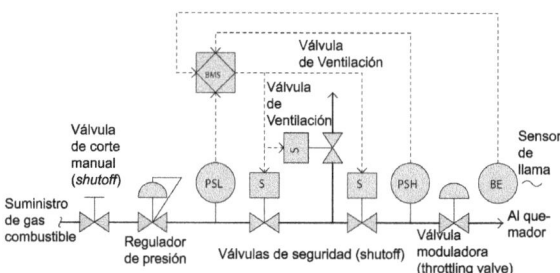

Figura 1.34: P&ID de un sistema de quemador de combustión a gas

Note el uso de válvulas de bloqueo doble y de purga que realmente aislarían el suministro de gas combustible del quemador en el caso de una emergencia. Las dos válvulas de bloqueo están equipadas especialmente para el ese propósito (como las de ITT y *Maxon* mencionadas anteriormente), mientras que la de purga es una válvula de solenoide.

La mayor parte de los sistemas de manejo de quemadores se encargan de realizar un rol doble de administrar un *shutdown* seguro de un quemador en el caso de una condición peligrosa y del posterior reinicio del quemador cuando se haya llegado a condiciones de operación normales. La partida de un sistema de quemadores industriales puede consumir un tiempo de purga considerable antes del momento de la ignición, donde el la cámara de aire de combustión debe permanecer totalmente abierta para que un soplador elimine de los fogones cualquier residuo de vapores de la combustión. El sistema de manejo de quemadores encenderá el quemador (o a veces solamente un quemador más pequeño llamado piloto, el cual podrá, a su vez, encender el quemador principal). Un sistema de manejo de quemadores debe tener la capacidad para realizar todas las funciones de temporización e ignición para asegurar que los quemadores puedan ser encendidos en forma segura y sin incidentes.

A pesar de que muchos quemadores industriales son manejados por sistemas de control analógicos o de relés electromecánicos, la tendencia actual se dirige hacia el control electrónico digital basado en microprocesadores. Un sistema de este tipo es la serie de control de quemadores *Honeywell 7800*, del cual se muestra la siguiente foto (Fig. 1.35).

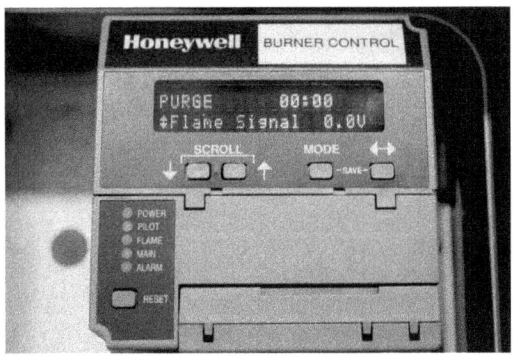

Figura 1.35: Foto de la serie de control de quemadores *Honeywell 7800*

Los controles basados en microprocesador tienen muchas ventajas sobre los sistemas de manejo de quemadores basados en relés o electrónica analógica. La temporización de los ciclos de purga es mucho más precisa con el control basado en microprocesadores y el requisito del tiempo de purga es más difícil que se pueda ignorar por parte de los operarios. Los controles basados en microprocesadores generalmente también poseen capacidad de funcionamiento en red, permitiendo la conexión de muchos controles a un computador único con el propósito de monitorización remota.

Las series *Honeywell* 7800 ofrecen módulos anunciadores locales para indicar en forma visual el estado de los contactos de intertrabamiento *interlock*, lo que permite al personal de mantenimiento saber cuáles switches están cerrados y en qué estado se encuentra el sistema de control de quemadores (Fig. 1.36).

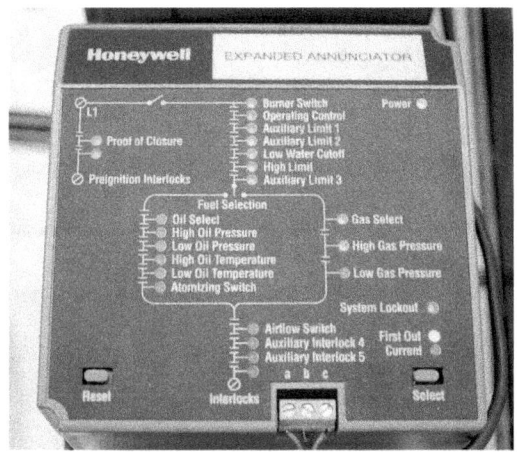

Figura 1.36: Módulo anunciador local de la serie *Honeywell 7800*

Se muestra el sistema de tuberías *gas train* completo de una caldera de doble alimentación en una instalación de tratamiento de aguas. Note el uso de válvulas de bloqueo doble y de purga *bleed valve* en ambos trenes (uno para el suministro de gas natural y otro para el gas *sludge* producido por digestores anaeróbicos de la instalación), la válvulas de bloqueo de cada tren son de fabricantes diferentes. Las de encapsulamiento en azul son del control de seguridad de llama *Honeywell 7800* (Fig. 1.37).

1.4.6 Ejemplo SIS: Sistema de purga de oxígeno en el tratamiento de aguas residuales

Uno de los procesos que intervienen en el tratamiento de aguas residuales de una ciudad es la digestión aerobia hecha

Figura 1.37: Sistema de tuberías *gas train* completo de una caldera de doble alimentación en una instalación de tratamiento de aguas residuales

por una bacteria sobre la materia. El proceso simula uno de tantos procesos naturales de descomposición, pero en un marco de tiempo acelerado debido a las grandes cantidades de aguas residuales que se debe procesar en una ciudad. El proceso consiste en el suministro de bacterias hacia las aguas residuales con suficiente oxígeno para metabolizar la materia orgánica presente, la cual es vista por la bacteria como alimento. En algunas instalaciones de tratamiento, el mecanismo de aireación se realiza con aire ambiental. En otras instalaciones, se realiza con oxígeno casi puro.

Usualmente, la descomposición aerobia forma parte de un proceso más complejo llamado lodo activado *activated sludge*. El efluente que proviene del proceso de un proceso de descomposición, se separa en sólidos (lodo) y líquidos (sobrenadantes) *supernatant*, una gran parte del lodo procesado se recicla hacia la cámara aerobia para que el cultivo de bacterias permanezca sano y para que haya suficiente tiempo para que ocurra la descomposición. La separación entre líquidos y sólidos permite que haya un tiempo corto de retención en el caso de los líquidos (lo que acelera la descomposición) y un tiempo de retención mayor para los sólidos para asegurar la digestión completa de la materia orgánica por la bacteria.

Se muestra un diagrama simplificado P&ID de un sistema de lodo activado de un sistema de tratamiento de aguas residuales. Note cómo el flujo de oxígeno hacia la cámara de aireación y el reciclado del lodo hacia la cámara de aireación son controlados en función del flujo de aguas residuales que llega.

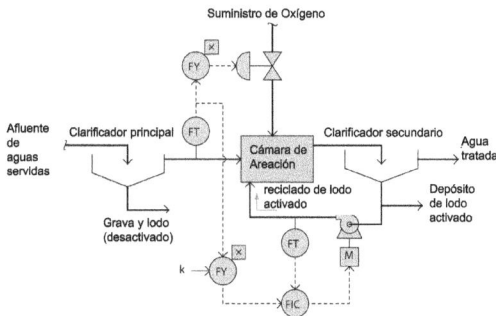

Figura 1.38: Diagrama simplificado P&ID de un sistema de lodo activado de un complejo de tratamiento de aguas residuales

La descomposición aerobia basada en el uso del aire ambiental como oxidante se puede implementar como un proceso seguro y muy simple. Sin embargo, se puede usar el oxígeno puro en vez de aire ambiental ya que este gas es capaz de acelerar el metabolismo de la bacteria, con lo que el proceso puede aceptar mayor capacidad de flujo en el mismo espacio. El oxígeno puro no solo es capaz de acelerar el metabolismo bacterial sino que también acelera la combustión de cualquier sustancia inflamable. Esto significa que si algún vapor o líquido inflamable entrara a la cámara de aireación, ocurriría con gran probabilidad una ¡explosión!

Aunque los líquidos inflamables no son un componente

normal de las aguas residuales de una ciudad, es posible que los líquidos inflamables puedan seguir el mismo curso que las aguas residuales hacia la planta de tratamiento de agua. Esto puede ocurrir, por ejemplo, cuando un vehículo derrame gasolina u otro combustible volátil en un sistema de alcantarillado a través de las ranuras de entrada a la alcantarilla. Este evento no puede ser totalmente evitado y su ocurrencia podría sorprender al personal de operaciones, quienes podrían carecer del tiempo suficiente para evitar la contaminación.

Con vistas a disminuir este riesgo de seguridad se pueden instalar sensores de Límite Inferior de Explosión *Low Explosive Limite (LEL)* en la cámara de aireación (Fig. 1.39), de esta forma se podría detectar y dar aviso de la presencia de gases inflamables o vapores al interior de la cámara. Cuando cualquiera de los sensores registre la presencia de sustancias inflamables, un sistema de apagado seguro eliminaría (purgaría) de oxígeno puro la cámara a través de los siguientes pasos:

- Detener el flujo de oxígeno puro hacia la cámara de aireación

- Abrir válvulas grandes de ventilación hacia la atmósfera

- Encender sopladores de aire para que saquen de la cámara el oxígeno puro restante

La foto siguiente muestra un sensor LEL montado dentro de una caja aislante para que esté protegido de los efectos del clima frío en una instalación de tratamiento de agua (Fig. 1.40).

Debido a que el soplador es de tipo centrífugo y como tal no interpone ningún sello contra el flujo de aire cuando está parado, se debe instalar una válvula automática de purga aguas abajo (no confundir con la válvula de ventilación manual vista en la foto) para proteger al soplador de la cámara llena de oxígeno. Esta válvula de purga permanecerá

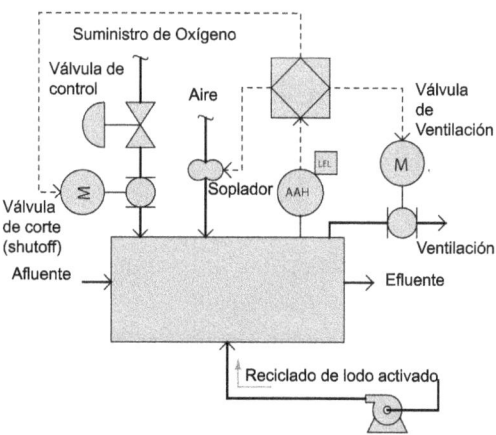

Figura 1.39: Sensores de Límite Inferior de Explosión *Low Explosive Limite (LEL)* en la cámara de aireación

Figura 1.40: Foto de un sensor LEL montado dentro de una caja aislante

cerrada durante la operación normal y solamente se abrirá después que el soplador haya empezado la purga.

1.4.7 Ejemplo SIS: Controles de apagado automático *SCRAM* de un reactor nuclear

La fisión nuclear es el proceso mediante el cual los núcleos de tipos específicos de átomos (más frecuentemente los de Uranio-235 y Plutónio-239) efectúan la desintegración espontánea cuando absorben un neutrón extra, con la liberación significativa de energía térmica y de neutrones adicionales. El material fisionable expuesto a una fuente de radiación de neutrones, libera mucho calor, el cual puede ser usado para evaporar agua en un flujo capaz de mover las turbinas de un generador de electricidad. La reacción en cadena de neutrones que dividen átomos que a su vez generan neutrones que dividen átomos ...., tiene un comportamiento exponencial pero puede ser regulado usando lazos de control artificiales y naturales.

Se muestra un diagrama simplificado de un reactor de agua presurizado (PWR) (Fig. 1.41).

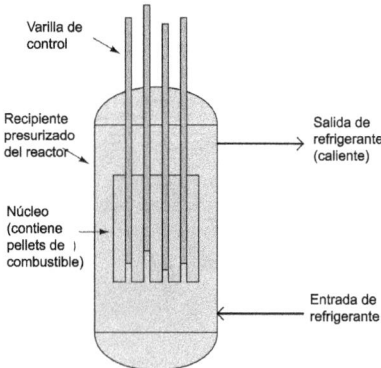

Figura 1.41: Diagrama simplificado de un reactor de agua presurizado (PWR)

En Estados Unidos, los reactores nucleares están diseñados para manifestar un coeficiente negativo, lo que significa que la reacción en cadena se ralentiza a medida que la temperatura del refrigerante aumenta. Esta tendencia física se debe a la configuración del núcleo del reactor y al diseño del sistema de refrigeración, lo que añade una medida de auto-estabilización a algo que es de por sí un proceso inestable *runaway process.*

La inserción de varillas de control especiales en el núcleo del reactor proporciona una capacidad adicional de regulación. Estas varillas están diseñadas para absorber neutrones y para evitar que estos dividan más átomos. La reacción en cadena no puede sostenerse con la cantidad suficiente de varillas de control. Si se extraen muchas varillas de control desde el núcleo de un reactor que haya sido alimentado recientemente, puede ocurrir una reacción en cadena con una intensidad suficiente para dañar al reactor. El posicionamiento de varillas de control constituye el método principal para controlar un reactor de fisión y también el primer medio para conseguir un apagado de emergencia.

Las varillas de control deben ser manipuladas en forma remota debido al intenso flujo de radiación existente dentro de un reactor de potencia en operación. Los actuadores de las varillas de control de un reactor nuclear son motores eléctricos especialmente diseñados para esta aplicación crítica.

En la foto siguiente se puede ver un arreglo de varillas de control en la parte superior de un reactor ubicado en una planta nuclear en *Three-Mile Island*, Estados Unidos, observe la gran cantidad de cables de control que conectan los actuadores de las varillas con el sistema de control del reactor (Fig. 1.42).

La inserción rápida de las varillas de control en el núcleo del reactor para propósito de la parada de emergencia se denomina *scram*. Esta palabra en inglés se interpreta con su sentido literal de evacuar un área o puede entenderse como un acrónimo técnico. En ambos casos, un *scram* es un evento que debe evitarse si es posible. Al igual que

Figura 1.42: Foto de un arreglo de varillas de control en un reactor de la planta nuclear en Three-Mile Island

todo proceso industrial, un reactor nuclear debe funcionar para ser rentable. Un reactor apagado no solo representa pérdidas para la compañía operadora, sino que también es un perjuicio para otras industrias y una interrupción de servicios públicos críticos como calefacción, refrigeración, bombeo de agua, protección contra incendios, control de tráfico, etc. Una detención de emergencia del sistema de una planta nuclear debe satisfacer roles opuestos de seguridad y de disponiblidad, con una grado extremadamente alto de fiabilidad en los instrumentos.

Los motores eléctricos actuadores que intervienen en la operación normal del control de varillas son muy lentos para los propósitos de *scram*. Para esto se usan actuadores hidráulicos capaces de superar la actuación de los motores eléctricos. Algunos sistemas más antiguos de *scram* de reactores basados en agua presurizada usaban un simple picaporte mecánico capaz de desenganchar las varillas de control de los motores actuadores para que cayeran por efecto de la gravedad en el núcleo del reactor.

Se tiene una lista parcial de los criterios suficientes para iniciar un *scram*:

- Terremoto detectado

- Presión alta del reactor

- Presión baja del reactor

- Nivel bajo de agua en el reactor (solo BWR)

- Diferencial de temperatura de reactor alto

- Disparo de válvula de aislamiento de la corriente principal de vapor

- Radioactividad alta detectada en el lazo de refrigerante

- Apagado manual de switch(es)

- Pérdida de potencia del sistema de control

- Flujo alto de neutrones en el núcleo

- Cambio grande en el flujo de neutrones en el núcleo

Los dos últimos criterios requieren mejor explicación. La cantidad de neutrones detectados en el núcleo del reactor es un indicación aproximada de la potencia térmica del núcleo debido a que cada evento de fisión (división del núcleo de un átomo de combustible causada por la absorción de un neutrón) tiene asociado un nivel bien definido de energía térmica y de un rango de neutrones adicionales liberados. Así la medición de la radiación de neutrones en el núcleo es una variable de proceso fundamental para el control de la fisión del reactor y también para la parada de seguridad. Si los sensores indicaran un flujo excesivo de neutrones, el reactor debería ser *scrammed* detenido para evitar los daños de un sobrecanlentamiento. Igualmente, si los sensores detectaran una cantidad de flujo de neutrones aumentando a una tasa muy alta, esto sería un indicativo de una reacción en cadena desenfrenada por lo que debiese iniciarse un *scram* del reactor.

De acuerdo al alto nivel de fiabilidad y énfasis en la seguridad de los controles de apagado de un reactor nuclear la estrategia redundante comúnmente usada para los sensores y la lógica asociada es dos de cuatro *2oo4*. Se muestra un diagrama de contactos que muestra dicha configuración (Fig. 1.43).

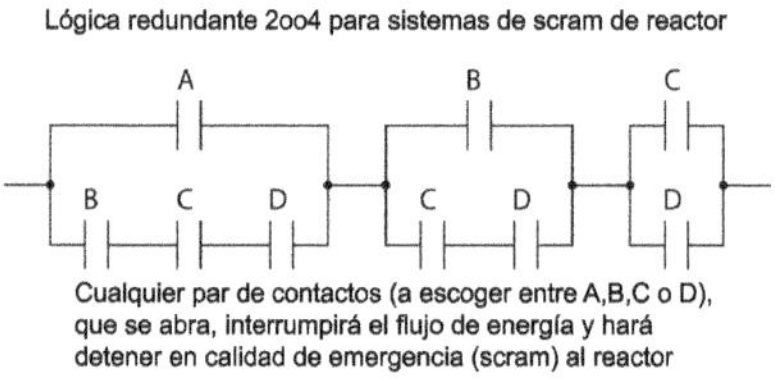

Figura 1.43: Estrategia redundante *2oo4* para reactores nucleares

Glosario

Su visita será siempre bienvenida en
http://habanazo.blogspot.com

www.ingramcontent.com/pod-product-compliance
Lightning Source LLC
Chambersburg PA
CBHW051332170526

45166CB00002B/778